树木盆景制作技法

SHUMU PENJINGZHIZUO JIFA （修订版）

吴诗华　汪传龙　编著

时代出版
时代出版传媒股份有限公司
安徽科学技术出版社

图书在版编目(CIP)数据

树木盆景制作技法/吴诗华，汪传龙编著. —4版. —合肥：安徽科学技术出版社，2011.1(2024.6重印)
ISBN 978-7-5337-2956-1

Ⅰ.①树… Ⅱ.①吴…②汪… Ⅲ.①盆景-观赏园艺-图解 Ⅳ.①S688.1-64

中国版本图书馆CIP数据核字(2004)第027463号

树木盆景制作技法 吴诗华 汪传龙 编著

出 版 人：王筱文 选题策划：刘三珊 责任编辑：刘三珊
责任校对：潘宜峰 责任印制：李伦洲 封面设计：冯 劲
出版发行：安徽科学技术出版社 http://www.ahstp.net
(合肥市政务文化新区翡翠路1118号出版传媒广场，邮编：230071)
电话：(0551)63533330
印 制：安徽新华印刷股份有限公司 电话：(0551)65859178
(如发现印装质量问题，影响阅读，请与印刷厂商联系调换)

开本：787×960 1/16 印张：彩色4.5 双色6 字数：200千
版次：2024年6月第21次印刷

ISBN 978-7-5337-2956-1 定价：42.00元

作者简介

吴诗华，1957年毕业于南京林业大学林学专业本科，当年分配至安徽农业大学林学系担任树木教研组教师，1980年任园林专业主任。现任中国园林杂志社编委，中国花卉盆景杂志社编委，中国盆景艺术家协会常务理事。

作者简介

汪传龙，安徽马鞍山市人，1983年毕业于安徽师范大学美术系。现为中国盆景艺术家协会理事、马鞍山市花协秘书长、中国美术家协会安徽分会会员。主要著作有：《图解树木盆景》（与吴诗华合著）、《图解根雕艺术》、《赵庆泉盆景艺术》（与赵庆泉合著），均由安徽科学技术出版社出版发行。1981年起从事树木盆景创作与研究，发表有关盆艺理论与实践的文章20余篇，其中《试谈树木盆景中的线条美》一文，在南京"中国海峡两岸及港澳地区盆景名花研究会"上作发言交流。《岁老弥壮》、《如日中天》、《好兄弟》等多件树木盆景作品，在昆明世博会及全国性盆展中，多次荣获一、二、三等奖。在树木盆景理论与实践中，主张或强调用书意的线条塑造枝干，以画意统筹树木整体景观。

作 者 名 单

盆景制作：潘仲连　吴来顺　傅　强　陈德伟
王恒亮　杨台明　夏世观　汪传龙
米殿康　苏　沪　周礼明　杨正选
花良海　王富旺　赵庆泉　胡志松
汪定保　任振发　马鞍山雨心湖公园
张世云　杨柯安　黄　杰　沈为保
合肥清溪公园

摄　　影：仲济南　孙画洪　汪传龙

前 言

盆景为我国传统艺术，始于汉晋，形成于隋唐，盛于明清，历代均有所创新与发展，今日已风靡世界。盆景艺术同园林、诗、画等艺术一样，都是源于自然，源于生活。它是大自然名山大川、奇桩怪树的姿态风貌在盆中的缩影，山林树木景色，毕陈于几席之间，身处闹市斗室之中，也可领略自然风光。盆景是栽培技术和造型艺术的结晶，也是自然美和艺术美的有机结合。相材之意，寓情于景，气韵生动，意境深远。

我国盆景艺术在长期的发展过程中，形成许多地方风格流派。我国盆景艺术盛传有五大流派，即苏派、扬派、徽派、川派和岭南派等，都各具风格特色。但传统的东西，也存在一些不合乎时代发展要求的成分，所以在继承优秀传统的基础上，还需要不断创新，发扬光大，推陈出新。 树木盆景在我国盆景艺术中占有主导地位，具有独特的风韵和技巧。其表现的手法随着地区的差异，取材的不同，形式多种多样，千变万化。有的以露根、虬干取胜；有的以叶形、叶色见长；有的以花、果取景。树姿则力求古朴、秀雅、苍劲、奇特，色彩要丰富，风韵要清秀，这是树木盆景造型艺术的基本要求。 盆景具有较高经济价值，只有走商品生产，特别是外向型的经济道路，盆景艺术生产力才能获得解放，盆景艺术才会发展提高。近年来，国内许多地区都建立了盆景生产基地，生产各类盆景，不仅在国内市场大量销售，而且还畅销到东南亚、日本、澳大利亚和英美各国，使我国盆景艺术誉满全球。 本书着重介绍盆景制作技术，将每件盆景的整个制作过程以图解形式加以介绍，有助于盆景爱好者和专业生产者在盆景创作中参考和应用。笔者愿为我国盆景事业的创新和发展，尽所能微薄之力。

作　者

目录

一、盆史概述

中国盆景艺术已有1300多年历史，历经沧桑，流传至今。在探讨盆景史时，我们既要保存优秀的传统技法，又要不断创新，更好地弘扬盆景艺术这一我国传统文化。

据考古发现，河北望都东汉（公元25～220年）的墓壁画上绘有一卷沿圆盆，内栽有六枝红花，置于方形几座之上，植物、盆钵和几架形成三位一体，这便是树木盆景的雏形。

唐代（公元618～907年）是我国封建社会鼎盛时期，各项文化艺术都取得辉煌的成果，盆景艺术也进一步形成。1972年在陕西乾陵发掘的章怀太子墓(建于公元706年)，甬道东壁上绘有侍女双手托一盆景，内有假山和小树。故宫收藏唐代画家阎立本绘的《职贡图》，其中绘有一人手托浅盆，盆中立有一块玲珑剔透的山石，这些都证明唐代已形成真正的盆景。唐代著名诗人李贺曾作过一首《五粒小松歌》，其中有“绿波浸叶满浓光，细束龙髯铰刀剪”的诗句，可见那时树木盆景已进行造型修剪。唐代已形成艺术水平较高的盆景，不仅在民间广泛流传，同时还传入宫廷官邸。

宋代（公元960～1279年）绘画艺术得到空前发展，应用画理于盆景制作，注意到意境的创造，使盆景的艺术性达到较高水平。不论宫廷还是民间，以奇树怪石组装盆景

《泰岱风骨》 圆柏

供人欣赏，已蔚然成风。到宋时已形成树木盆景和山水盆景两大类。

现故宫博物院内藏的宋人画“十八学士图”四幅，其中两幅都画有松树盆景。“其状盖偃枝盘，针如屈铁，悬根出土，老本生鳞，已俨然数百年之物。”宋代王十朋在《岩松记》中写道：“友人有以岩松至梅溪者，异质丛生，根衔拳石，茂焉非枯，森焉非乔，柏叶松身，气象耸焉，藏参天覆地之意于盈握间，亦草木之英奇者，余颇爱之，植以瓦盆，置之小室。”对松树盆景的描绘，十分生动。

元代（公元1206～1368年）制作盆景提倡小型。高僧韫上人，云游四方，出入名山大川之间，制作盆景，取法自然，富有诗情画意，擅长做“些子景”（“些子”，即小的意思）。元末回族诗人丁鹤年有《为平江韫上人赋些子景》的诗句：“咫尺盆池曲槛前，老禅清兴拟林泉，气吞渤埠波盈掬，势压崆峒石一拳。仿佛烟霞生隙地，分明日月在壶天。旁人莫讶胸襟隘，毫发从来立大千。”指出韫上人做盆景，有“小中见大”的特色。

《舞》 榆树

明代（公元1368～1644年）有关盆景著作开始问世。苏州人文震亨著《长物志·盆玩》写道：“盆玩，时尚以列几案者为第一，列庭榭中次之。”屠隆著《考旋余事》，在盆玩笺中写道：“最古雅者，如天目之松，高不盈尺，其本如臂，针毛短簇，结为马远之欹斜诘曲；郭熙之露顶攫拿；刘松年之偃盖层叠；盛子昭之拖拽轩翥等状，栽以佳器，槎枒可观。”对松树盆景的造型姿态，描绘栩栩如生。还指出树木合栽组景形式：“更有一枝两三梗者，或栽三五窠结为山林，排匝高下参差，更以透漏窈窕奇古石笋，安插得体，置诸庭中。对独本者，若坐岗陵之巅，与孤松盘桓。对双本者，似入松林深处，令人六月忘暑。”接着还介绍了树木盆景的攀扎造型技艺：“……次则枸杞，当求老本虬曲，其大如拳，根若龙蛇。至于蟠结，柯干苍老，束缚尽解，不露做手，多有态若天生然。”指出树木盆景攀扎造型要保持自然姿态。

明代陆庭杰在《南村随笔》中写道：“邑人朱三松择花树修剪，高不盈尺，而奇秀苍古，具虬龙百尺之势，培养数十年方成，或逾百年者，栽以佳盎，伴以白石，列之几案间。”又说：“三松之法，不独枝干粗细上下相称，更搜剔其根，使屈曲必露，如山中千年老树，此非会心人未能遽领其微妙也。”

清代（公元1616～1911年）盆景艺术有了进一步发展，形成多种多样形式。康熙二十七年（公元1688年）陈埠子著《花镜》一书，在《种盆取景法》中写道：“近日吴下出一种仿云林山树画意，用长大白石盆或紫砂宜兴盆，将最小柏、桧、榆、枫、六月雪或虎刺、黄杨、梅桩等，择取十余株，细视其体态，倚山靠石而栽之，或用昆山白石，或用广东英石，随意叠成山林佳景，置数盆于高轩书室之前，诚雅人清供也。”

嘉庆年间（公元1796～1821年）五溪苏灵著《盆玩偶录》二卷，书中以叙述树木盆景为多，分为四大家、七贤、十八学士和花草四雅，足见当时盆景植物材料已日趋增多。

清光绪年间（公元1875～1908年）苏州盆景艺人胡炳章最善于制作枯干虬枝的古桩盆景，曾将山中老而不枯的梅桩，截取根部一段，栽入盆中，随用刀雕琢树身，变作枯干，

《秋意》 雀梅

删去大部分枝条，仅留疏枝数根，任其自然生长，不加缚扎。这是人工结合自然造型的典范，对开创和发展苏派盆景有重要贡献。

1949年新中国成立后，党和政府对盆景这一宝贵的文化遗产，给予关怀和重视。在“百花齐放”“推陈出新”方针指引下，盆景艺术获得飞跃的发展，并继承创新，弘扬了这一古老的艺术之花。各地园林部门建立了专门的盆景园地，并曾多次举办盆景展览。1979年中华人民共和国成立30周年之际，在北京北海公园举办了全国盆景艺术展览，参加展出的有13个省、市、自治区的54个单位，展出各种类型的盆景达1 100多盆，参观人数达10余万人。1983年中国花卉盆景协会在扬州召开新中国成立以来首次举办的“全国盆景老艺人座谈会”，来自全国各地48位盆景老艺人和技师，欢聚一堂，畅谈我国盆景艺术的成就，交流各自的创作技艺和经验，并提出发展我国盆景事业的设想和建议。1985年10月又在上海虹桥公园举办了一次规模庞大的“全国盆景评比展览”，有21个省、市、自治区，77个单位参展。1986年在武汉市召开了中国盆景学术讨论会。1987年在北京举办了第一届中国花卉博览会，盆景展品琳琅满目，美不胜收。1988年成立了中国盆景艺术家协会。1991年该会在北京举办了首届中国国际盆景会议，进行了艺术交流。一系列的活动，使我国盆景艺术进入了一个“百花齐放，百家争鸣”的崭新时期。

《春风拂绿》 榆树

二、风格与流派

我国幅员广阔，从南到北，由于地理条件的不同，气候、土壤、地形等自然环境

《相依》 五针松

的差异，树种资源十分丰富。例如南方喜暖的榕树、九里香、福建茶、佛肚竹；北方耐寒的黄栌、山楂、柽柳、锦鸡儿、白皮松；喜酸的山茶、杜鹃、赤楠和耐碱的南天竹、枸杞、卫矛等，都有它一定的生长习性及分布区域，并且在很大程度上左右着盆景整形方式和加工技艺的抉择。加之各地民情风俗、审美趣味的不同，便形成了各地盆景不同的风格。盆景风格是盆景创作在艺术水平上的标志，艺术风格愈明显，则作品的吸引力就愈强烈，若流传开来，就形成艺术流派。我国盆景界所公认的艺术流派，主要指的是树木盆景，有扬派、苏派、川派、岭南派、徽派、海派、浙派、通派等八大流派，都各具有其风格特色。扬派严整壮观；苏派清秀古雅；川派虬曲多姿；岭南派苍劲自然；徽派古朴奇特；海派明快流畅；浙派刚劲潇洒；通派庄严雄伟。在我国盆景艺术上产生了深远的影响。

我国各派树木盆景主要造型技法分类图

- 树木盆景造型技法
  - 攀扎为主
    - 棕丝扎
      - 规则型
        - 云片式（一寸三弯）——扬派
        - 鞠躬式（两弯半）——通派
        - 身法（拐弯）——川派
        - 游龙式（滚弯）——徽派
      - 不规则型——圆片式（六台三托一顶）——苏派
    - 金属丝扎——自然型——海派
  - 修剪为主——大树或高耸型——蓄枝截干——岭南派

（一）扬 派 盆 景

扬派是以扬州命名的盆景艺术流派，以扬州市为中心，包括泰州、泰兴、兴化、高邮、东台、盐城、宝应等地，虽在技术处理上有些差异，但均属于扬派风格。

扬州是历史文化古城，有2 400多年的悠久历史，地处长江下游与大运河交汇的要冲之地，自古以来经济繁荣，文化发达。隋唐时代曾是中国最大的商业城市之一，清代为两淮盐运中心，富商大贾、官僚地主广筑园林，大兴盆景。许多著名诗人、画家都曾云集于此，如清代的石涛和尚和“扬州八怪”等。他们有的垒石植树，兴建园林；有的赋诗作画，描绘山林景色，这对扬派盆景艺术的兴盛和发展起了很大的促进作用。

扬州盆景早在唐代就开始流传，大明寺鉴真和尚东渡日本，就可能传授了盆景艺术。元明时就采用了扎片造型技法，至清代盛行一时。清代李斗在《扬州画舫录》一书中多处提到扬州盆景，郑板桥绘画中有梅花盆景。现陈列于扬州瘦西湖公园的一盆桧柏盆景，系明代遗物，树干高约0.67米，屈曲如虬龙，树冠似伞盖，枝繁叶茂，苍翠欲滴，从造型上看，可认为是扬派盆景的代表作。

《听涛》 金钱松

扬派盆景 榆树

扬派盆景在树木造型技法上，以规则式为主，最显著的特点是“云片”。采用“一寸三弯”的扎法，将枝叶形成平薄的“云片”。棕法上有阳棕、底棕、逼棕、挥棕、拌棕、平棕、套棕、起棕、下棕、连棕和缝棕等11种之多。一般顶片为圆形，中下片多为掌形，犹如蓝天中层云簇生之状。其他形式有疙瘩式、提篮式、过桥式、悬崖式（挂口式）、垂枝式等，因材处理，各具独特的风格。

扬派盆景以松、柏、榆、黄杨为代表树种。其他常用的还有五针松、罗汉松、地柏、银杏、六月雪、梅、碧桃、虎刺、金雀、雀梅、火棘、枸杞、紫藤、南天竹、腊梅、石榴等。

提根式盆景　黄杨

《小将军》　短叶五针松

扬派树木盆景还讲究提根，将树木根部在翻盆时逐年向上提起，有龙盘虎踞之势。对于提起的根部，进行精心取舍和伸屈处理，达到苍古入画的效果。提根盆景多用于六月雪、迎春、榔榆和金雀花等树种。

扬派盆景在用盆方面，习惯采用宜兴紫砂陶盆，盆的形状以马槽盆形、四方千筒形、方斗形及金钟形等为多，近年来盆式更加多样化。

有着悠久历史的扬派盆景，在继承传统技法的基础上，不断进行创新，使扬州盆景事业得到新的发展。扬州盆景艺师万觐棠、泰州盆景艺师王寿山等继承和发扬了扬派的传统技艺，精心培育了一些盆景珍品。近年来，扬州还建立了大规模的盆景园和盆景生产基地，培养了一批优秀盆景人才，使扬派盆景常盛不衰，生产大量具有地方特色的各种树木盆景，销售国内外。

（二）苏派盆景

苏派是以苏州命名的盆景艺术流派，它以苏州为中心地，流传到无锡、常熟、常州等地。

苏州是我国东南地区著名的历史文化古城，地处长江下游、太湖之滨，交通发达，为物产富饶的鱼米之乡。山清水秀，风光绮丽。春秋时（公元前585年）吴国就曾建都于此。自唐代以来，经济、文化一直繁荣不衰，历代均为文人荟萃之地。特别是明代的“吴门画派”，对苏州盆景艺术有很大影响。苏州古典园林有“甲天下”之称，与盆景艺术关系更为密切。苏州临近盆钵产地——宜兴，古雅的紫砂陶盆使苏州盆景大为增色；苏州木刻精雕的几架久负盛名，用以陈设盆景，更显得古色古香。

苏州地方志中关于苏派盆景的记载不少。如沈德潜的《光福志》记述：“谭山东西麓，村落数余里，居民习种树，闲时接梅桩。”又《虎丘志》云：“虎丘人善于盆中植奇花异木，盘松古梅置几案间，谓之盆景。”从明末苏州人文震亨的《长物志》中可看出，明代苏州盆景多以树木盆景为主，仿画意造型，对选材、加工、用盆等方面都很讲究，形成苏派盆景艺术风格的特色。清代陈埠子《花镜》一书中曾提到吴下盆景仿倪云林山树画意，用白石盆或紫砂盆栽种桧柏、枫树、榆树、六月雪和虎刺等植物，并缀以各种山石，即指苏州一带的盆景做法。现存苏州“万景山庄”的一盆500年生的桧柏盆景，仍苍劲健茂，树虽不高，却有磅礴之势；枯干嵯峨，却又枝青叶翠，生机勃勃。作品构图简洁，意境深远，疏而不散，似虚而实，不愧为苏派古老盆景的珍品。

苏派盆景树木造型以半规则型为主，树木的枝叶经过“粗扎细剪”，形成馒头状圆片，而主干则呈自然形状。整体的形态宛如江南山野老树形象的概括。

苏派盆景以梅花、枫树、榔榆、雀梅等为代表树种。其他常见的有石榴、桂花、黄杨、桧柏、虎刺、六月雪、黄荆、小叶女贞、五针松、黑松等树种，以落叶树种为多。现在苏州盆景并不都剪扎成圆片，对于松柏类以及石榴、黄荆、枸杞等树种，则采用稍加剪扎的方法，尽量保持其天然姿态。

苏派传统的树木培养方法是自幼造型，加工较方便，但速度缓慢，现多采用从山野挖掘树桩的方法。苏州附近有虎丘山、灵岩山、天平山、洞庭东山、洞庭西山等风景胜地，林木葱茏，资源丰富，有着取之不尽的盆景素材，常常可挖到形态古雅的老树桩，经过培养加工，“粗扎细剪”，便成佳品。

苏派盆景　小叶罗汉松

目前，苏州盆景艺术进入一个“奇葩烂漫”的新时代。老一辈盆景艺术家朱子安等精心培育苏州古老盆景珍品，继承和发扬了传统技艺，培养了一批盆景新秀，使苏派盆景出现一片兴旺发达的景象。虎丘山麓万景山庄开辟了大规模的盆景园，琳琅满目，供中外游人参观。

《层层风采》五针松

（三）川派盆景

川派是以四川命名的盆景艺术流派，其中包括川西、川东、重庆三个区域。川西以成都为中心地，还有温江、郫县、崇庆、新都、灌县等地；川东过去以重庆为中心地。

四川素称天府之国，位于长江上游，有壮丽的山川景色，丰富的植物资源，经济文化发达，为四川盆景艺术创造了优越条件。

成都是一座历史古城，三国时蜀国建都于此，有2 000多年悠久历史。这里素有“诗乡”“花乡”之称，为诗人画家荟萃之地，青羊宫花会有1 000多年历史。成都盆景相传起源于五代，清末光绪年间，成都郊区仅从事攀扎桩头（即树木造型）为生的盆景艺师就达60多人，现在成都一带还保存许多百年以上的古桩盆景。

重庆自古为商业发达都市，盆景艺术起初受到成都的影响，但发展迅速，已在川派中独树一帜。

川派盆景有其独特艺术风格，树木造型传统式样以规则型为主，重视立体效果。主干加工变化多姿，有掉拐、接弯掉拐、三掉拐、方拐、对拐、滚龙抱柱、大弯垂枝、

《翠叶凌空》 六月雪

直身加冕、老妇梳妆、蟠龙身等10种之多。枝条造型有平枝式、滚枝式、半平半滚式三种技法。

川派的树木盆景造型除规则型外，还有自然型，不拘一格，力求自然美与艺术美的统一融合。自然型中有直干式、斜干式、卧干式和悬崖式等几种主要形式。有些树木盆景还配置山石，饶有野趣。川派对树木根部的处理很讲究。强调悬根露爪和盘根错节，以显示树木的古雅奇特。

四川气候温暖，多名山大川，形成独特的自然风貌和植物群落。一些特产的树种为树木盆景提供了特定的物质材料。常见的有金弹子、黄桷树、六月雪、贴梗海棠、梅花、紫薇、银杏、罗汉松和竹类，为其代表树种。此外，还有偃柏、虎刺、垂丝海棠、紫荆、山茶、桂花等树种。其中以观花、观果类的树木盆景最有特色。如贴梗海棠满树繁花，灿若云锦；金弹子铁干虬枝，挂果累累。川派竹类盆景品种繁多，有绵竹、邛竹、凤尾竹、观音竹、琴丝竹和佛肚竹等，多以山石相配，很具地方特色。

《凌空》 金弹子

川派的用盆，以四川产的陶盆为多，也有江苏宜兴的紫砂盆和江西景德镇的瓷盆。规则型树木盆景通常配以深圆盆或四方形、六角形深盆。自然型树木盆景大多配以较浅的长方形或椭圆形盆，悬崖式多用千筒盆。

川派在建国以来发展较快，成都盆景艺人李忠玉等人与画家冯灌父密切合作，共同探索，创作出不少既有传统，又有新意；既富自然美，又颇具画意的盆景作品，为川派的创新发展做出了可贵的贡献。

《脱离凡尘嫁青云》 圆柏

（四）徽派盆景

徽派是以安徽徽州命名的盆景艺术流派。它以歙县卖花渔村为代表，包括绩溪、休宁、黟县等地民间制作的盆景，并各具特色。

徽州地处新安江上游，黄山、白岳之间。整个地区峰峦重叠，山清水秀，风光明媚，气候温和，雨量充沛，自然植物资源丰富，为盆景制作和发展提供了良好的条件。

徽派盆景根植于民间，许多地方有就地取材之便，传统盆景很早就开始流传。绩溪县政府大厅前有 5 盆古柏盆景，经鉴定为明代中期遗物。这些柏树桩景，造型为蟠曲式，每棵主干从根到顶回蟠屈曲，柏树木质本刚，制作体态却柔，刚柔相济，巧妙多姿。其中两盆标名为“一缕烟”和“仙人撑伞”，惟妙惟肖，引人入胜。黟县山区民间有传统培育花木盆景的风气，如碧山一农民住宅的天井中，有一罗汉松盆景，根部附着于山石上，宛如山岩石隙中的顽强古松，其根穿岩走石，形似鹰爪抱石，树姿苍劲欲飞，显示出无限生命力，是一盆绝佳的附石式树桩盆景。歙县郑村的西园，素以培养黄山松盆景闻名，园中盆景受到黄山名松与新安画派的影响，许多“悬崖式”“卧干式”盆景，都是百余年的古桩。目前，合肥逍遥津公园尚保存来自西园的部分精致的古松盆景。

《高处不胜寒》黄山松

徽派盆景以树桩盆景为主，品种繁多，尤以梅桩见长，曾与徽墨齐句，称为徽梅，又叫“龙桩”。名贵品种有绿萼、骨里红、送春梅等。造型加工采用棕皮、树筋等材料进行攀扎。制作形式有游龙式、蟠曲式，多见于梅和桃。还有扭旋式、疙瘩式、三台式、屏风式等，均为徽派传统形式。由于过去攀扎法很费时间，且失却自然，所以近若干年来，采用“粗扎细剪”法，保持自然形态，改进了技艺，成型快速，形式多样，既保留了地方风格，又有所创新。

《倩影舞寒》 春梅

《初雪落枝头》 春梅

徽派以梅花、黄山松、桧柏为代表树种，其他还有翠柏、罗汉松、黄杨、石楠、桂花、紫薇、南天竹、杜鹃、雀梅、三角枫、紫藤、枸骨等，这些传统树木盆景在风格上以苍古奇特见长。

徽派在用盆方面，多采用普通瓦盆栽植，外面再加套盆。套盆选用精致的景德镇青花瓷盆及宜兴紫砂陶盆。

近些年来，随着时代的发展，古老的徽派盆景在继承传统技艺的基础上，博采众长，不断创新发展；形式多样，更趋自然，呈现一派兴旺发达景象。

（五）岭南派盆景

岭南派是以我国岭南地区命名的盆景艺术流派。包括广东和广西两省（区），以广州为其中心地。

岭南地区终年气候温暖，雨量充沛，林木葱郁，植被丰富。广州市为我国南大门，历史悠久，经济、文化发达，素有“花城”之称。广州附近的石湾是我国著名的陶器产地，从明代中叶就生产釉陶盆。这些都为发展岭南盆景创造了有利条件。

岭南派盆景流传已久，清初岭南诗人屈大均在《广东新语》中提到：“九里香，木本，叶细如黄杨，花成艽，花白有香，甚烈。又有七里，叶稍大。其木皆不易长，粤人多以最小者制为古树，枝干盘曲作盆盂之玩。”

《自然之子》 榔榆

岭南盆景受到自然树木形态的启发，吸取了岭南画派的技法，创造了顺应自然和适合岭南地区气候条件的“蓄枝截干”独特造型方法，并选用萌发力强的树种为材料，使岭南派艺术风格达到崭新面貌，形成苍劲、自然、飘逸、豪放的特色。采用“蓄枝截干”法培养加工的盆景，其主要特点即任意剪下一个枝条，几乎都符合一独立造型盆景的标准。去掉叶子后，仍保持优美的形状，并且那种苍劲的枝丫，给人一种奇特姿态美

杂木类盆景　朴树

的享受。

岭南树木盆景以榔榆、雀梅、九里香、福建茶、榕树为代表树种。此外还有水松、岗松、罗汉松、山橘、相思树、三角花、白马骨、红千层、朴树、两面针、凤尾竹、佛肚竹等，大多生命力旺盛，适于修剪造型。

岭南派的艺术风格主要有三种类型。

大树型：主要表现自然界旷野的大树形态，主干粗壮挺拔，树冠丰满稠密，枝条疏密有致，构图严谨完整，气魄雄伟，如参天大树拔地而起。这类作品以孔泰初、陆学明为代表。

高耸型：主干较瘦而高，有单干，也有双干，枝条稀疏，参差不齐，整个树形孤高挺拔，清瘦扶疏，有直上云霄之势。构图疏而不散，虚中有实，简洁清秀，格调高雅，富有诗情画意，这类作品以素仁和尚为代表。

《将军风采》　三角枫

《伟岸如汉》　榆树

自然型：主要表现自然界经风傲霜，千姿百态的树木形状，极富天然野趣。形式多种多样，造型生动活泼，不拘一格，柔中有刚，风格潇洒豪放。这类作品以莫眠府为代表。

除上述 3 种主要形式外，还有多干型、丛林型、风吹型、附石型、悬崖型、垂柳型等，各具奇趣。但其基本制作技法和风格与上述 3 大类型大同小异。

岭南派盆景是在继承我国古代民间传统技艺的基础上，受南方人文地理因素的影响，经过不断改革创新而形成的。其独特的艺术风格和造型技巧在国内外盆景界有较高的声誉。广州市盆景研究会曾编写《广州盆景》一书，收集了不少优秀盆景图片。广州西苑开辟了“盆景之家”，专门陈列岭南派盆景代表作。岭南派今天已成为我国盆景主要流派之一。

（六）海派盆景

海派是以上海命名的盆景艺术流派。上海是我国主要大城市之一，地处长江与东

《锦绣》 锦松

海交汇处，为水陆交通中心和对外的海口要地，气候适宜。近百年来，经济、文化都很发达。

上海盆景据初步考证，始于明代。建国以来，江苏、安徽、四川、广东等地盆景，先后传入上海，日本盆景也远渡重洋而来。上海盆景博采众长，推陈出新，逐步形成了自己的艺术风格。它以明快流畅、雄健精巧著称。

海派盆景树种丰富，目前引种的已达140多种。常用的有五针松、黑松、锦松、罗汉松、真柏、枫、榆、雀梅、南天竹、六月雪、金雀、紫藤、石榴、胡颓子、竹类等数十种。其中以松柏类和花果类为主。近年来，采用从山区挖来的火棘、赤楠、褒子木、野山楂、粉叶柿、六道木、珍珠黄杨等树种制作盆景，达到很好的效果。

海派树木盆景形式多样，师法自然，苍古入画。造型上树叶也成片，层次分明，但与苏派、扬派相比，层片较多，大小不等，富有自然变化。一般采用金属丝攀扎、

《回首》 黑松

《玉树临风》 黑松

精细修剪的加工技法，明快流畅，苍劲潇洒，达到“虽由人做，宛如天开”的艺术效果。

海派树木盆景的形式以自然界的古树姿态为范本，多姿多彩，有直干式、斜干式、曲干式、悬崖式、丛林式、枯干式、连根式及附石式等多种形式。此外，海派还往往以粗根盘曲裸露，树下布置山石，以增添野趣。

随着经济建设的发展， 上海盆景也在迅速发展。海派盆景中心——上海植物园开辟了盆景园，每年接待大批国内外参观者。同时还从事盆景的研究和生产，编写了《上海龙华盆景》一书。上海盆景作品曾多次参加国内外展览会，并多次获奖。

（七）通派盆景

通派是以江苏南通命名的盆景艺术流派。南通为长江下游北岸的一个古老城市，

《汉舞》 锦松

《初展》 雀舌罗汉松

东面临海，气候温和，雨量充沛，土壤肥沃。从五代南唐设静海郡，后周显德五年（公元958年）建城称通州，距今已有1 000多年的历史，现在是一经济、文化相当发达的商业城市。

南通城背钟秀山西隅有古木两株，一为璎珞柏，一为罗汉松，主干苍古朴拙，枝叶错落有致，相传为元代树木盆景的踪迹。此外，在狼山葵竹山房院内有一株罗汉松，弯曲自如，侧枝着地伸展，看得出是数百年盆景下地所致，这说明南通盆景有悠久的历史。

通派与扬派同在苏北，相距不远，均采用棕丝攀扎。主干扎成弯曲状，枝叶剪扎成片状。所以通派称“东路”，扬派称“西路”，在艺术处理上各具特色，形成两个流派。

通派树木造型以规则型的“两弯半”为其特色。所谓两弯半（鞠躬式）即用棕丝将主干从基部向上扎成两个弯，呈S形，再扎半个弯作顶，使主干下部后仰，上部前倾，然后选留侧枝扎成枝片，称为“片干”。片干散布两侧层次分明，结顶的一片扎成半圆形。用作两弯半的树材要求较高，必须选择主干较粗壮，侧枝互生均匀的树苗。

通派盆景以小叶罗汉松为主要代表树种。在南通人民公园中，现尚存有多盆树龄在400年及500年以上的小叶罗汉松盆景，均为传统的“两弯半”造型。此外，常见的还有五针松、桧柏、矮紫杉、璎珞柏、榔榆、六月雪、迎春、黄杨、杜鹃等树种。树木造型主要采用棕丝剪扎，剪扎棕法有头棕、躺棕、抱棕、怀棕、回棕、飘棕、拢棕、悬棕、套棕、平棕、侧棕、带棕、扣棕、勾棕等手法。

目前，通派在传统“两弯半”规则型的基础上，不断进行创新。盆景艺人创作出一批自然型作品，有“站飘式”“悬崖式”“挂片式”“直干式”“斜干式”等多种形式。在南通、如皋一带，群众把培养盆景作为主要副业，这是南通盆景得以日新月异发展的重要原因之一。

（八）浙派盆景

浙派是以浙江命名的盆景艺术流派，主要以杭州、温州为中心地。

浙江位于我国东南沿海地区，有雁荡山、天目山和杭州西湖等名山胜水，风景秀丽，气候温暖湿润，植物资源极其丰富。奉化三十六弯是驰名的五针松生产基地。杭州是我国六大古都之一。据南宋吴自牧《梦粱录》记载：当时杭州民间就出现以“奇松异桧”制作盆景的风气。又从《考旋余事》记述：明代时浙江的天目松、石笋石已被普遍用作盆景的材料。在树木造型上，已形成自然、写意的高干合栽式。

浙派盆景以松柏为主，杂木为辅，常用的树种有五针松、黑松、罗汉松、桧柏、真柏、鸡爪槭、三角枫、紫薇、枸骨、瓶兰花、虎刺、黄杨、南天竹等。在树木造型上吸取南北各派之长，采用金属丝攀扎与细致修剪相结合，以自然、明快、挺秀为主要特色，形成浙派的风格。松柏类盆景讲究层次，而又无一定规律。对主干的造型，不一味追求虬曲多变，而常常突出其瘦劲、高耸、苍老的姿态。杂木类盆景较注重修

《安和如朝云》 五针松

《俊逸》 黑松

《化险为夷》 五针松

剪，但又不同于岭南派的“蓄枝截干”。将“鸡爪”“鹿角”的枝条造型包含于层片之中，但层片又不十分明显。枝条的处理讲究力度与节奏动势；曲线与直线并用；硬角度与软弧度并用；长跨度与短跨度并用，自然流畅。

浙派树木盆景因地区和作者的不同，可分为“豪放型”和“端庄型”两类，前者雄浑豪放，具有奋发向上的精神；后者端庄严谨，注意树木的匀称完整。

（九）其他地方风格

1．南京风格

南京树木盆景，具有质朴深厚的

《轻烟如云》 柽柳

风格，它吸取了苏、扬盆景的传统技艺，但也结合南京地方特色，目前已逐步形成清秀、新奇的艺术风格。在造型上采用粗扎细剪技法，枝叶剪成若干小圆片，再由小片组成大片。同时采用浅盆堆土栽植，突出根部的美。现南京盆景已逐渐崭露头角。

2. 中州风格

中州盆景主要流行于河南中原地区，包括郑州、开封、洛阳、南阳、新乡等地，目前以树木盆景为主。盆景选材以柽柳、黄荆、石榴等树种最为常用，造型形式因材而异，柽柳多制成“垂枝式”“风吹式”；黄荆常制成“朵云式”；石榴制成“自然式”，

《邀》 短叶五针松

《病树前头》 柽柳

《黄雀飞去留清闲》 金雀

《脚踏实地》 榕树

其中以垂枝式的柽柳最具特色。造型技巧除攀扎、修剪外，还采用压顶法、牵拉法、折枝法，以及倒悬盆钵等独特手法。

3. 福建风格

福建位于我国南方，其树木盆景以榕树为代表树种。造型技术以修剪为主，金属丝攀扎为辅。以当地千姿百态古榕为摹本，利用榕树形状奇特的块根、气根，以根代干，或将块根与主干养成一体，形成独特的榕树盆景。根部隆起，枝干粗壮，枝叶稠密，色翠如盖，蔚为奇观。其他常用树种还有福建茶、雀梅、榔榆等，以自然、豪放、朴拙为其特色。

4. 湖北风格

湖北盆景艺术在悠久的文化传统和自然的优美景观的影响下，又取各派之长，不断创新，形成具有湖北特色的地方风格。树木盆景常用材料有对节白蜡、蚊母、黄杨、枸骨、冬青、赤楠、金雀、火棘等。取材因地制宜，发挥自己优势，既有明显的地方性，又有较强的适应性。造型技法上采用云片与自然式的结合，棕丝、金属丝攀扎与修剪结合。充分发挥主题思想，盆景题材有《屈子北望图》《橘颂》等，具有楚文化特色。作品富有奇特古朴、自然清新的艺术趣味。

5. 北方风格

北方盆景包括北京、河北、山东等地具有北方风格的树木盆景，以古朴、雄伟见长。常用的材料有松、柏、银杏、桂花、石榴、迎春等乡土树种。此外，还大力发展花草盆景，如北京的小菊盆景最具地方特色。造型的特点是粗扎细剪，制成各种形式盆景。

《高山流水》 柏树

三、类型与形式

树木盆景是以植物为主要造型材料，通过攀扎、修剪、整形等技艺加工和园艺栽培技术而形成的一类盆景。由于树木盆景的取材常常从山野挖掘树木根桩而来，故习惯上又称为“树桩”盆景。

《岁月如歌》三角枫

《娇》 地柏

（一）树木盆景的类型

树木盆景根据所用植物材料种类的不同，按照观赏特性的差异，分为松柏类、杂木类、叶木类、花木类、果木类、蔓木类等6类。

1. 松柏类

松柏盆景是以裸子植物松柏类的树种为材料，进行培育造型而形成的。其特点是姿态古雅苍劲，朴拙奇特，叶如针刺，耐旱耐寒，寿命较长。造型手法是师法自然，或独木挺拔，或双木结对，或三五成丛，往往采用“参天覆地”“高下参差”的高干式大树型。柏类盆景则常采用扭筋换骨，枯峰露顶，以表现其古拙奇态。松柏类盆景材料丰富，常用的有五针松、黑松、白皮松、黄山松、金钱松、龙柏、桧柏、铺地柏、真柏、罗汉柏、矮紫杉等树种。培养得法，珍惜爱护，生存可达数十年，乃至百年以上，愈老愈奇，观赏价值也愈高。

2. 杂木类

杂木盆景是以阔叶树种为材料，取姿态奇特古雅、枝叶挺秀、寿命长且适应性强者，经过精心培育，加工造型而形成的一类盆景。杂木盆景往往从山野采掘野生树桩，养胚上盆，在较短时间内，可加工成提根露爪，盘曲苍老，枝干虬曲，叶小花繁，风致宜人的桩景。常用的树种有榔榆、胞木、黄荆、赤楠、黄杨、雀梅、九里香、福建茶、榕树、平地木、水杨梅等。这类盆景多讲究姿态美和风韵美，以古朴秀雅取胜，选材极为重要。一般人工育苗繁殖较少，而山野采掘老桩较多，一旦上盆，即成佳品，故素有“本是山野物，今日案头芳”之说。

《雄秀天成》 雀梅

3. 叶木类

叶木盆景是以树形优美、枝叶密生、叶形奇特、叶色丰富而多变的树种为材料，突出观叶效果的一类盆景。常用的材料有红枫、鸡爪槭、三角枫、卫矛、波缘冬青、十大功劳、银杏、枸骨、苏铁、棕竹、凤尾竹等树种。这类盆景不仅观叶，也兼有其他方面的观赏效果。但以鲜艳悦目的叶色、雅美新奇的叶形为其主景。叶木盆景有常绿树类，四季常青，终年可以观赏。也有落叶树类，随着季节的变化，呈现不同色彩，虽寒冬叶落，仍可观赏其寒树景象。

《春语无声》 柞木

4. 花木类

花木盆景是以花色、花姿兼美，五彩缤纷，灿烂绚丽，香气沁人，生机盎然的花树或花卉为材料，配以精

《岁月如歌》 三角枫

《奇石吐翠》 银杏

《相依》 三角枫

《五月里》 红杜鹃

《山花烂漫》 映山红

致盆钵，经过装饰加工，突出观花效果的一类盆景。其造型要以虬枝古干，异种奇名，枝叶扶疏，繁花满树者为佳。如取材得法，四时花序不绝，皆入画境更为佳。常用的材料有迎春花、梅花、碧桃、金雀花、腊梅、海棠、山茶、杜鹃、六月雪、紫薇、桂花、雀舌栀子等名花佳卉。花卉盆景在园景中有其独特的效果，每逢佳节，有盛花的盆景点缀，姿色诱人，香气袭人，令人赏心悦目，感到满园春色。

5. 果木类

果木盆景以观果类树种为材料，其果实色彩悦目，红紫者为贵，色黄者次之。每当丹实累累，金果挂枝时，不仅为园景增色，且给人以丰盛之感。常用的材料有火棘、南天竹、金弹子、虎刺、枸杞、果石榴、胡颓子、野山楂、佛手、金橘、小檗、荚莲等。果木盆景每当深秋之时，花事凋落，树木飘零，在秋风萧瑟的庭园，能点缀数盆观果盆景，红黄相间，色彩注目，风姿优美，可打破沉寂园景，增加生活环境的情趣。

6. 蔓木类

蔓木盆景是以蔓性树木或藤本植物为素材，上盆加工造型，突出其卷曲的茎干、垂拂的枝叶而形成的一类盆景。它兼有花果

《秋硕》 苹果

《紫气东来》 紫藤

《溪边情》 金银花

艳丽，姿韵优美，别具风格的特色。常用的材料有紫藤、常春藤、络石、金银花、扶芳藤、凌霄、葡萄、爬墙虎等木质藤蔓植物。该类盆景以蔓茎缠绕或悬垂为其特色，故多装饰于深盆高架，或挂壁长垂，或附石盘绕，且有婀娜的风韵，苍古的风貌。树木盆景根据取材的大小高矮，又可分为几种规格。高度或冠幅超过150厘米者为特大型；80～150厘米者为大型；40～79厘米者为中型；10～39厘米者为小型；不足10厘米者为微型，又称“掌上盆景”。此外，树木盆景还有自然型、规则型、象形型之别。

（二）树木盆景的形式

各种树木盆景由于树种的生物特性的不同，加工造型的差异，其所表现的景观千变万化，各具异趣。有的树形挺拔，有的枝干虬曲，有的垂枝飘拂，有的悬根露爪，千姿百态，形式各异。归纳起来有下列一些主要形式：

1．直干式

主干直立，不弯不曲，枝条分生横出，雄伟挺拔，层次分明，巍然屹立，具有自然界古木参天之

《好兄弟》 榔榆

姿态。直干式盆景又可分为单干、双干或多干等形式。在我国岭南派盆景中最为常见。常用的树种有五针松、金钱松、水杉、榉树、朴树、榔榆、九里香等。

2.斜干式

树木主干向一侧倾斜，枝条平展于盆外，主枝向主干相反方向伸出，树形既具有动势，又不失平衡，具有虬枝横空，飘逸潇洒的山野老树姿态。常用的树种有罗汉松、榔榆、雀梅、黄梅、贴梗海棠、金弹子等。

《童颜》 榆树

《临空》 黑松

《回首》小叶罗汉松

《初夏》 三角枫

3.卧干式

树木主干横卧于盆面，而树冠枝条则昂然崛起，树姿苍老古雅，有虬龙倒走之势，野趣十足。如黄山卧云峰横生的卧龙松，树干作伏卧状，顶枝昂首，颇有苍龙凌波之状，清人曹霂描写为“百尺偃神龙”，为奇松自然景观之一。卧干式常用的树种有雀梅、九里香、榔榆、地柏、枸杞等。

《树下教子》 榆树

《野趣》 檵木

《岁老弥壮》 雀梅

4. 曲干式

树木主干盘曲向上，如游龙形状，枝叶前后左右错落，层次分明。曲干有自然型或规则型。徽派、川派及扬派盆景常见此种形式，如游龙梅、方拐式等为曲干式造型。常用的树种有梅花、桧柏、紫藤、紫薇、真柏、罗汉松等。

5.临水式

树干横出飘逸于盆外，但不倒挂下垂，宛如临水之木。与斜干式近似，但主干倾斜角度更大，常常接近于横卧，但又无反向伸出主枝。常用的树种有雀梅、黑松、柽柳、黄杨、罗汉松等。

《柔情似水》 五针松

《春织新秀》 雀梅

6.悬崖式

树木主干扭曲下垂盆外，模仿自然界悬崖峭壁苍松探海之势。如黄山在去莲花峰道中，有一倒挂松，根盘生于石隙，主干逆悬危崖，苍劲古雅，独具一格。悬崖式盆景即临摹自然树景而来，根据茎干悬挂的幅度大小，其树梢超过盆底者，称全悬崖；树梢不超过盆底者，称半悬崖。常用的树种有黑松、五针松、罗汉松、地柏、雀梅、黄杨、爬山虎等。

《婀娜多姿》 雀梅

《垂云》 圆柏

《书趣》 黑松

《悬崖添秀》 黄山松

7.提根式

树木根部盘曲裸露在盆土外，如鹰爪高悬，或如盘曲蛟龙，古雅奇特。这种形式须在翻盆时，逐步将根系提升到土面而形成。常用的树种有榕树、榔榆、三角枫、雀梅、黄扬、六月雪等。

《松韵》 五针松

《一览众山小》 榆树

《春天的步伐》 罗汉松

《远古的呼唤》 柳榆

8.连根式

多茎干树木其粗根裸露而相连，树干则高低参差，错落有致。这种形式多选用植株根部易萌发不定芽的树木种类，具有山野根部相连的多株树木的景象。常用的树种有昂木、福建茶、六月雪、雀梅、黄荆、火棘、赤楠等。

《赤壁遗韵》 三角枫

9. 丛林式

一盆之中由一种或不同种的多株树木合栽而成，故又称“合栽式”。这种形式可表现自然界三五成丛的树木景象，或模拟山野疏林、密林、寒林等森林风光。树木有直有曲，有正有斜，富有变化。常用的树种有金钱松、水杉、榉树、红枫、虎刺、六月雪、福建茶等。

《蝉噪林愈静》

《青春永驻》 赤楠

《霜欺叶落写真骨》 榆树

10.枯干式(或称枯峰式)

树木主干已呈枯木状，树皮斑驳，露出穿孔蚀空的木质部，裸根如爪，呈现枯峰古朴姿态。但还有部分树皮、枝干仍具生机，发出青枝绿叶，具有“枯木逢春”的意境，别具特色。也有以树木老桩作枯峰，上面萌生出新枝叶如峰顶小树状，又称作“石上树”，很富自然野趣。常用的树种有黄荆、榔榆、桧柏、紫薇、雀梅、银杏等。

11.附石式

树木根部附在石上生长，再沿石缝深入土中，或扎根于石洞之中，好似山壁岩缝中自然生长的老树，有“龙爪抓石”之势，古雅如画。树木主干有斜干、曲干、直干等多种形式。附石式盆景以树景为主体，山石为配景。有旱附石与水附石两种，盆中盛土，配置附石树木为旱附石；盆中贮水，再配置附石树木为水附石。通常选用榔榆、三角枫、真柏、福建茶、黑松等树种。

《小鸟天堂》 榔榆

12.垂枝式

树木的枝条披散下垂，宛如垂柳姿态。枝条柔软的树种，通过人为加工，所有枝条均垂拂盆周。表现自然界中垂枝树木迎风摇曳，潇洒飘逸的景象。这种形式树木主干以斜干或曲干为多。常用的树种有迎春、柽柳、金雀、枸杞、紫藤、垂枝梅等。

《乡音》 柽柳

《二月春风似剪刀》 柽柳

《逸举飞扬》榆树

《重压难锁春情》榆树

四、艺术表现

（一）审美原则

树木盆景是活的艺术品，是大自然中各种树木景观在盆钵中的缩影。对盆景艺术的欣赏，需要具有一定的文化艺术修养和对自然景观的生活阅历，所谓“外行看热闹，内行看门道”。欣赏盆景实际上就是对盆景的审美，产生的联想、想象、移情和思维等一系列心理活动的过程，做到“穷形尽相”“澄怀品味”。对盆景的审美体现在以下几个方面：

1.自然美

树木盆景是以活的植物体为材料，具有生命活动的特征。其自然美包括根、树干、枝叶、花果和整体的姿态美，以及随着季节变化的色彩美。

（1）根：树木盆景根的造型，有提根露爪呈龙蟠虎踞之势；有根部相连呈连根之状；还有扎根石隙之中，呈附石而生之状，均给人以裸根露爪，盘根错节，苍老古木之感。

（2）树干：树木主干造型是决定自然树势和神韵的重要艺术手法，可形成直干刚劲挺拔，曲干蟠曲多姿，斜干苍古入画，各具特色。干皮有的布满鳞片，如松类及榔榆等；有的光滑多节如竹类；有的细腻光亮如紫薇；有的枯干

《人来人往代代人》 三角枫

《期盼》 三角枫

《九龙戏碧》 南天竹

萌生新枝绿叶，给人以“枯木逢春”之感。

（3）叶：叶形随着树种不同而有差异，有针形叶的松类；鳞状叶的柏类；扇形叶的银杏；掌状叶的槭类；瓜子状的黄杨；还有叶形奇特的枸骨冬青等。叶的色彩更是丰富多样，如终年紫红的红枫；秋色转红的鸡爪槭、卫矛；四季翠绿的凤尾竹；绿叶玉边的六月雪等，均以叶形、叶色见长，供人欣赏。

（4）花果：在观花盆景中，有高洁素雅的梅花；红艳似火的石榴；展翅欲飞的

《初绽》贴梗海棠

金雀花；万紫千红的杜鹃花；洁白芳香的栀子花等，是盆景中最富有色彩变化的一类，令人赏心悦目。

观果盆景以果形、果色引人入胜。如果红如火、古雅多姿的火棘；朱实累累、清雅秀丽的南天竹；核果殷红、枝密叶细的虎刺；果如弹丸、金色灿烂的金橘等。春华秋实，每当深秋之时，花事凋落，万木飘零，若能点缀几盆观果盆景，色彩耀目，风

《松岭峻拔》 小叶女贞

姿优美，可打破园林沉寂之感，增加生活环境的情趣。

（5）整体美：树木盆景各部分的形态和色彩的有机结合，根、干、枝叶造型多姿，花果色彩丰富，就形成了树景的整体美。

2.画境美

树木盆景的画境美，就是将大自然树木景色进行高度概括和提炼，通过艺术加

《苍松轩翥》 五针松

《探渊》 五针松

《春色横溢》 榆树

《探》柏树

工，使之成为有主次、有动势、有疏密、有烘托、有呼应的多样统一的造型布局，达到凝聚大自然景色的艺术境界。

树木盆景的画境美，可以通过不同的造型式样表现出来，中国盆景有多种多样风格流派，掌握这些美学知识，有助于欣赏盆景的画境美。此外，还要通过一定艺术手法来表现，如层次分明，虚实相生，巧拙互用，平中有奇，露中有藏等画理技法。树木的培养修剪、攀扎造型、养护管理等技术措施，都是为了实现盆景的画境美。如松树盆景造型，要根据材料特点，有的可塑造成迎客松，有的可塑造成探海松（悬崖式），有的可塑造成卧龙松（卧干式）等，因材致用。要善于构思，创造出有独特风格的画境美。

3.意境美

盆景的意境美是客观景物经过艺术家思想感情的熔铸和细腻技巧所创造出的艺术境界，它包括景物方面的

《垂碧》 小叶女贞

《同志》 榆树

《雏鹰初展》 罗汉松

《迈》榔榆

画境美，还包括感情方面的意境美。使人们在欣赏的时候，不仅看到了景，而且通过景物激发出美的情感、美的意愿和美的理想，从而产生丰富的联想和领略景外之情，达到景有尽而意无穷的境地。

意境美是盆景艺术的最高境界，表现为景中有情，情中有景，情景交融。这种艺术境界能调动欣赏者丰富的想像和具有强烈感染力，它使盆景作品耐人寻味，有百看不厌的魅力。意境美有时还借助盆景的命名和题咏来表现，因此欣赏盆景还须具备一定的文学修养。

在盆景的创作中，最难表现的就是意境美。在盆景的审美中，有意境或无意境，以及意境的高低，是衡量盆景美的重要标准。我国盆景中最具代表性的传统题材之一的“岁寒三友”松、竹、梅，在造型布局上，使人欣赏到它的自然画境美，而当我们看到它凌寒独茂、苍劲挺拔、坚贞不屈的形象和品格时，受到精神上的鼓舞，那才欣赏到它的意境美。我国树木盆景传统的风格大多是苍劲古拙，恬淡清远，雍容秀丽，宽厚中和，柔中寓刚，表现了大国风度和文化气质，这就是高度概括的诗情画意和意境美。

（二）表现手法

盆景艺术与我国绘画艺术有着密切联系，它讲究画面的优美，意境的深远。其表现手法要遵循一定的艺术规律和创作原则。

1.师法自然，求其神韵

盆景是大自然中美好景物的缩影。创作树木盆景首先要熟悉自然界的风光面貌，

《赤诚终世报九州》榆树

掌握树木的自然习性，即古人所谓“师法造化”。大自然中不同地理环境，不同季节，不同树种所呈现的树木景态迥然有异。如高山峻岭生长的松树，由于环境因素，躯干低矮而虬曲，枝如蛟龙，根似鹰爪，苍劲自然，变化万千，树冠平整严实，层次分明壮观。针叶短簇，更显得苍老雄健。还有千年古柏，由于漫长岁月磨炼，风雨雷电塑造而姿态奇特，老干扭曲，根盘袒露，铮铮铁骨，郁郁葱葱，古拙如画。此外，柳的柔媚，竹的潇洒，杉的高耸，在树木盆景的创作中，都可以从中汲取素材和营养。所以说自然本身就是艺术之师。著名画家石涛对黄山的体验是：“黄山是我师，我是黄山友”，“搜尽奇峰打草稿”。刘海粟老人曾十上黄山，观景作画。这足以说明，艺术的创作必须“师法自然”，盆景艺术的创作也是同理。

盆景之作还贵在求其神韵，摹树之常态而作之，难求其妙。不被树貌所囿，才能得树之神韵。松有高矮曲直，贵求其劲；柏有怪奇枯荣，贵求其拙；垂树贵求其柔情，悬树贵求其险奇，花树贵求其艳丽，果树贵求其殷实；春树贵求其生机，夏树贵求其繁茂，秋树贵求其红叶，冬树贵求其寒姿。凡树知其精神实质，才有神韵可求。

2.化繁为简，以形写意

盆景制作不难为繁，而难于求简，树有千枝万叶，贵在繁中求简，求其形似，重在意境。盆景艺术源于自然，又高于自然。其关键是巧妙地用好简化手法。“缩龙成寸”“小中见大”，就是繁中求简，简中求意的体现。齐白石画虾，徐悲鸿画马，不拘细节，妙用简练手法，不求形全而求形似，注重内在表现，以形

《问秋》 雀梅

《双龙探春》 扶芳藤

《家乡老树可纳凉》 雀梅

传神求其意。旷野树木其形态是自然生长，而不是由人意取舍决定的，但树木盆景的形貌则可由人意取舍决定，所以景树创作，枝繁则乱，意高则简。树不在粗，枝不在繁，形似即可，意到则为佳作。素仁和尚曾作文人式朴树盆景，高耸双干托着数根瘦枝，作品充分体现了形简意赅、超凡脱俗的清高意境，给人以幽雅恬静、旷达飘逸的印象。

要真正做到化繁为简，以形写意，关键在于盆景艺术创作过程中，不是讲究自然树貌的“十全十美”，而是善于刻画树木内涵之神韵。例如风吹式柽柳盆景佳作，细枝几根，偏向一侧，如风吹动而飘拂，简洁明了，意境超脱，给人以美的感受和丰富的联想。

3.发扬传统，突出个性

盆景是我国古老的传统艺术，在长期的历史发展过程中，形成多样的艺术流派和精湛的传统技艺。因此，我们在盆景创作中必须珍视和继承优秀的传统艺术，从中汲取营养，作为今天盆景发展的基础。但在继承传统的同时，还要进行改革与创新，创造出具有时代感的新艺术。盆景的创新，应大力提倡和积极鼓励表现盆景作者的个性。艺术最忌雷同，程式化的作品之所以不受欢迎，就是由于缺乏个性。因此，作品的个性愈鲜明，其创新意识和吸引力就愈强烈。

雕塑家罗丹曾说过：“有个性的作品是美的，没有个性的作品是丑的。”所谓个性即为树木盆景艺术家通过自我创作所产生的独特的造型形式，来再现具有深远意境和神韵的树景的一种方法。作者的文化素养、生活阅历和内心世界通过艺术形象来充分表达，就可以摆脱“千人一面”程式化的东西，具有丰富的创新意识。这就是艺术成熟发展，有时代气息的标志。

《初夏》 水杉

各个盆景艺术家由于气质、性格、审美、兴趣的不同，运用的技术手段各有所好，其盆景作品必然带有个人的特性，表现出不同的艺术形象，美好的、有新意的作品，必然受到广大群众的欢迎。

4.多变统一，节奏和谐

树木盆景有多种多样材料，有千变万化的形式，盆景艺术家运用构思布局、因材处理，创造出形态优美、富有诗情画意的艺术作品，关键的手法之一，

就是掌握多变统一，节奏和谐这一创作原则。每个作者对不同树种、不同形式的

处理能力和造型技巧不，如中州风格盆景以柽柳为材料，把柳的柔媚、秀逸姿态充分表现出来；岭南派盆景以朴、榆、福建茶为材料，蓄枝截干，塑造了宏大、雄健、古朴的形象；徐州张尊中先生创造果树盆景，咫尺盆钵，树高不盈尺，却硕果累累，灿若朝霞，十分和谐悦目。

树木盆景讲究节奏感，如树形的大小、高低、粗细、正斜、疏密、曲直、刚柔、虚实……的变化，这是处理树景造型的变化手法，缺少这些变化，就显得呆板、乏味，没有美感。所以盆景创作，变化越大，节奏越和谐，则盆景越富有感染力。白居易《琵琶行》诗："大弦嘈嘈如急雨，小弦切切如私语，嘈嘈切切错杂弹，大珠小珠落玉盘……曲终收拨当心划，四弦一声如裂帛。"形象地描绘了琵琶弹出的美妙音律节奏，给人以"无声胜有声"的艺术享受。

在树木盆景的创作中，还要在变化中求统一，而使其气韵和谐。没有节奏与和谐，就会使作品失去美感。正如一个乐队，在众多乐器的音调中，只有在统一的指挥下，才能产生和谐美妙的旋律。树木盆景若没有多变统一，就没有节奏和谐，就失去自然美、姿态美、色彩美的感染力。

《叟骨仙姿》 雀梅

五、盆景材料

（一）树木材料

制作树木盆景通常选用具有观赏价值的木本植物的幼树或老树桩。树种选择原则，一般以盘根错节，枝密叶细，姿态优美，花果艳丽者为佳。同时，要掌握各树种的生物学特性，充分发挥它们的自然姿态美、风韵美和色彩美。如松柏的古雅苍劲，枫榆的拙朴苍古，绿竹的潇洒秀丽，火棘的红艳丰盛。

我国传统的盆景材料，根据历史资料记载，主要有四大家：金雀、黄杨、迎春、绒针柏；七贤：黄山松、璎珞柏、榆、枫、冬青、银杏、雀梅；十八学士：梅、桃、虎刺、吉庆、枸杞、杜鹃、翠柏、木瓜、腊梅、南天竹、山茶、罗汉松、西府海棠、凤尾竹、紫薇、石榴、六月雪、栀子花；花草四雅：兰、菊、水仙、菖蒲。上述我国

《笑傲沧桑》 对节白蜡

《岁月如歌》 三角枫

古代树木盆景常用观赏树木及花草，有许多是我国现在制作盆景的主要材料。

根据植物学知识的研究，现在适宜制作树木盆景的树种已有200～300种。制作树木盆景，南北各地也有其习惯应用的树种，前文“风格与流派”中已述及。现代盆景随着时代的发展，不断有所创新，不仅表现在栽培技术和加工造型技术的改革，新材料的运用对盆景改革创新，也起到了意想不到的作用和效果。有很多材料是过去很少用过的，如松柏类的雪松、华山松、平头赤松、水杉、丛状柳杉、竹柏、矮紫杉等；杂木类有赤楠、米面翁、珍珠黄杨、红昂花、柃木、水杨梅、茶厨子、糯米条、紫金牛等；叶木类有卫矛、厚皮香、羽毛枫、绿玉树、波缘冬青、月桂、连香树、黄栌、文竹、佛肚竹等；花木类有天女花、含笑、瑞香、紫荆、溲疏、灯笼花、丁香、山矾等；果木类有紫珠、小檗、老鸦柿、金橘、佛手、冬珊瑚、代代等；蔓木类有凌霄、三角花、荼蘼花、蔷薇、木香、铁线莲等。我们在盆景发展创新过程中，应不断开发和利用新的植物资源，使盆景艺术更放异彩。

（二）盆钵材料

盆景艺术素有“一树、二盆、三几架”的提法，三位一体，相得益彰，不可分割。

中国盆景历来讲究用盆，盆钵对于盆景来说，既有实用价值，又有艺术价值。盆景的制作，离开盆钵的选配，就谈不上盆景整体构图的艺术美。一棵优良的树桩，配上形式高雅、色彩协调、大小适中的盆钵后，顿觉面目一新，身价百倍，正所谓“牡丹虽好，绿叶扶持”之理。

1.盆钵的质地

中国盆钵就质地而言，有紫砂陶盆、釉陶盆、彩绘瓷盆、凿石盆、陶烧瓦盆、水泥盆、天然竹木盆等。

盆钵质地对于树木花草的观赏和栽种生长都有一定的影响。松柏类盆景一般宜用紫砂陶盆，质地细致而古朴，色泽深沉，极富观赏特色。杂木类盆景一般宜用陶烧素瓦盆，透性良好，有利植物生长发育，对多年培育的桩景尤为适宜。观花、观果类盆景宜用紫砂陶盆或素瓦盆，通透性好，朴实古雅，有利于开花结果和观赏。一些盆景精品，为了提高其观赏价值，还可套加彩绘瓷盆或釉陶盆。微型盆景通常采用紫砂陶盆或釉陶盆，以美观为主，维持其正常生长则靠精细管理。一些特大型盆景可用水泥盆或凿石盆，供园林陈列或展览用。

《寺中的记忆》 真柏

2.盆钵的形状

造型优美的树景，只有配上大小适中，深浅恰当，款式相配的盆钵，才能衬托出盆景艺术品的高雅和生气。在配盆时，用盆过大，则显得盆内空旷，树木矮小。同时盆大盛土多，水分也多，易引起树木徒长，甚至造成烂根。用盆过小，又会使树木头重脚轻，缺乏稳定感，且易造成水分、养分不足，影响生长。此外，用浅盆时，盆口面宁大勿小；用深盆时，则宁小勿大。

盆的深浅对树景的观赏和生长也有一定影响。用盆过深，会使盆中植物显得低矮，且不利于喜旱植物的生长；用盆过浅，又会使主干高耸的树木有不稳定感，且不利于喜湿植物的生长。一般说来，丛林式宜用浅盆；直干式宜用较浅的盆；斜干式、卧干式宜用中深的盆；悬崖式宜用高深的千筒盆。此外，对于规则型的树景，习惯上用深点的盆；自然型树景，特别是盆中放置配件的，用盆不宜过深。

盆钵的选配，还须注意款式与树景在格调上一致。如树木姿态苍劲挺拔，则盆钵线条也宜于刚直，可采用四方形、长方形或有棱角的盆钵，以表现一种阳刚之美。如树木姿态盘曲垂柔，则盆钵轮廓以曲线条为佳，可采用圆形、椭圆形或外形浑圆的盆钵，以显示阴柔之美。

此外，配盆还要考虑到有利于植物的生长。对生长快，根系发达的树木，宜用瓢口或直口盆，以便于翻盆换土；生长慢，根系不发达的树木，则可选用多种盆口形式的盆钵。通常规则式造型的树景，可选用正方形盆或圆形盆，也可采用海棠形、六角形、梅花形等款式盆钵。有明显方向性的树景，如斜干式、卧干式或风吹式等，则宜用长方形或椭圆形长度较大、深度较浅的盆钵。多干式、连根式、丛林式或附石式盆景，宜用形状简单的长方形或椭圆形一类的浅盆。

3.盆钵的色彩

盆景艺术的色彩美，表现在树木景物的色彩与盆钵的色彩既有对比又能调和。一般树景为主体，盆钵为配角，因此盆的形体和色泽很重要。常见盆钵的颜色有茶褐色系，如紫砂、铁砂、赤泥、黑泥等，其色泽不太醒目，亦不暗淡，古朴凝重，适合于松柏类或常绿类树景的盆栽。蓝绿色系有浅绿、淡蓝、墨绿等色，色泽稳重，可增添植物的绿意，杂木类或红色花果类盆景适宜选用之。白色系有浅灰、灰白、浅黄等色，呈无色状，任何颜色均可接受，除白色花的树景外，其他各类色彩盆景都适合选用。

从实用来讲，松柏类四季翠绿，配以紫色或红褐色一类深色的紫砂陶盆，更见古雅沉朴； 花果类色彩丰富，宜配上色彩明快的釉陶盆，使花果颜色更加艳丽。如红梅、红花碧桃、贴梗海棠、垂丝海棠、紫藤、火棘、石榴等树景，配以白色、淡蓝、浅绿、浅黄等冷色系的釉陶盆最为适宜。浅色花系盆景，如白梅、迎春、金雀等则宜选用深色釉陶盆。此外，红枫宜配浅色盆，银杏宜配深色盆，使树景与盆色对比明显，增加观赏价值。同时选配盆钵还要考虑树木主干色彩以及叶色的季节性变化。

六、制作技术

（一）采　　掘

树木盆景的素材有两个来源：一是采掘树桩；二是繁育树苗，自幼培植。从山野采掘多年的树桩，培养加工，因材处理可以缩短盆景造型时间，且往往可以选到形态自然优美、古雅朴拙的老桩，制作成盆景佳品。幼苗繁育有播种、扦插、压条、嫁接等法，造型比较自由，但费时较长。其育苗技术，许多园艺书籍中均有介绍，这里不再赘述。

采掘树桩一定要掌握科学的方法，否则难于成活，更难于成品。首先要选择好树桩，从树种、树龄、形态以及培养前途来综合考虑。树种以常用的桩景为宜，各地环境条件不同，树种的分布也有差异，要因地取材。树龄以年久的老桩为佳，但必须生机旺盛。树桩的形态以具有苍古奇特、遒劲曲折的特点为好，特别要注意根部与主干的形态，一般不宜太高太大，以利于成活和便于加工，适于上盆陈设。

采掘树桩的时间，宜在树木进入休眠期后，以初春化冻，树木尚未萌发之前为佳。秋末、冬初采掘亦可。但在偏北地区，寒冬腊月天寒地冻，采掘困难，且易伤根，掘后须进行温室培养，故不适宜。所以树桩采掘时间也要因地制宜。

采掘树桩一般将主根截断，但要多留侧根和须根。松柏类和直根系树种，宜多留些主根，否则不易成活。掘后树桩要进行一次重修剪，一般保留部分主要枝干并短截，其余均剪去，要考虑以后加工造型的需要。掘好树桩要尽快带回栽种。

（二）养　　坯

山野采掘的树桩，无论其自然形态如何优美，都必须经过一定时期的培育，才能上盆加工，这一过程称作“养坯”。

1.树桩处理

根部处理：要考虑到成活的需要，又便于以后上盆加工。主根要适当短截，根的底部最好修成水平状，还要根据自然根系结构，从主根过渡到侧根、须根。短截主根应尽量多留侧根和须根，以保证树桩的成活生长。根部短截切不可一步到位，可等成活后发出新根，再逐渐修剪短截，以适于上盆时在盆钵中能容纳为宜，且使根端与盆钵壁部有一定空隙，以利生长（如图1所示）。

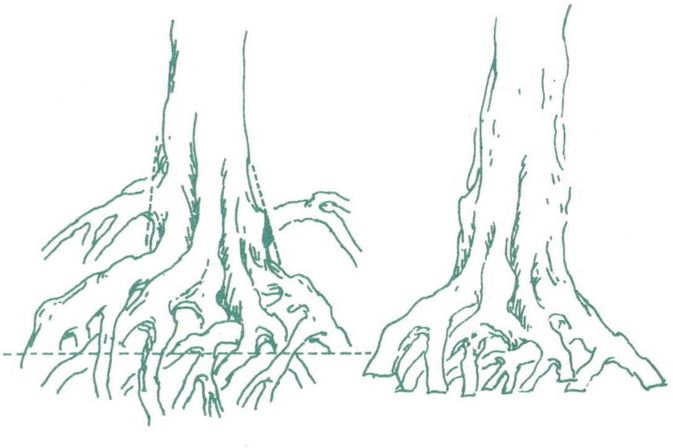

图1 根部处理

枝干处理：野外采掘的树桩，其自然生长的枝干，往往杂乱无章，必须进行一次初步重修剪。根据树坯材料的特点，决定表现什么样的题材和如何造型，也就是“因材处理”。将树坯树干的骨架按盆景艺术的规律来安排，使之成为具有匀称协调、线条优美的盆景作品。如取材为松树，就宜于表现其主干挺拔，枝叶平整如云片状，层次分明；柏树宜表现其主干古拙奇特，枝叶呈团簇状；梅桩造型则宜疏枝横斜；迎春则宜垂枝拱曲，这是从树种的自然习性来考虑的。此外，还要从树桩固有形状来考虑，如有些树桩主干挺直，则可顺其自然，做成直干式（如图2所示）；有些树桩自然弯曲，适于做成曲干式或悬崖式（如图3所示）；有些树桩主干枯秃，则宜做成枯峰式等。因材处理可使盆景制作既节省人工，又富有天然野趣。

截口处理：在树型确定后，要截去多余的枝干，其锯口处理，因树种习性不同，处理方法也不同。如早春的雀梅，锯口贴近主干，很容易炸皮，影响美观。故锯截时可稍留一节枝干，愈合后再截除之。对一般伤口易愈合的三角枫、黄杨、白蜡等树种，则可贴近主干锯截。截口应尽量避开正面，要平整光滑，使截口与主干自然吻合，不致有碍观赏。截口最好及时涂上防腐剂或蜡质，以防伤口感染病虫害（如图4所示）。

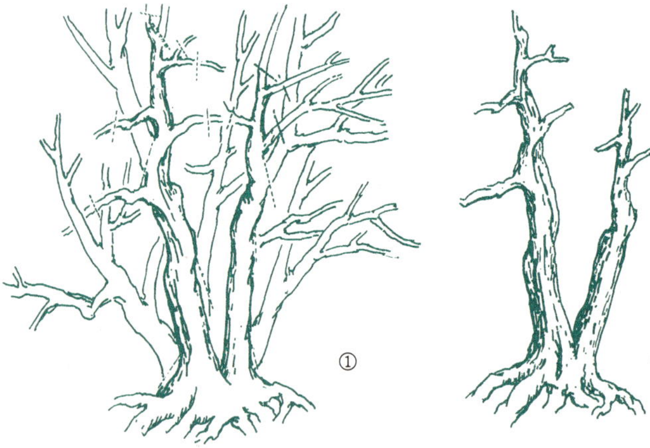

图2 截干处理

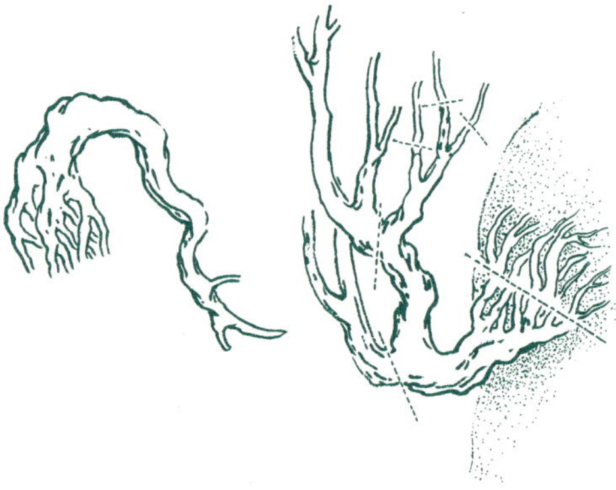

图3 倒置处理

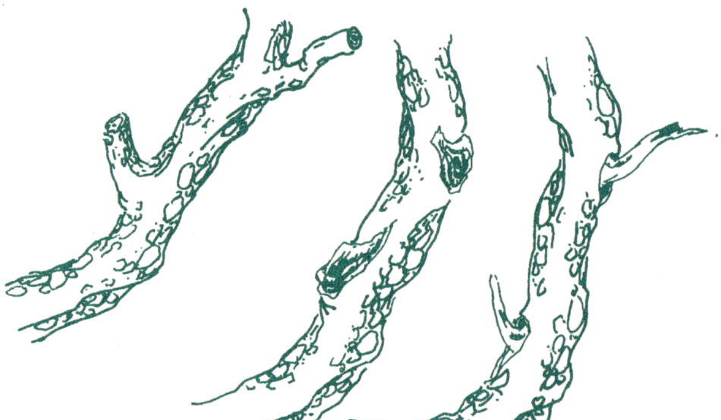

图4 截口处理

2.栽植

采掘树桩大多养坯一年后再进行上盆加工，在此期间，先进行就地栽植。栽植方法有地栽、容器（盆钵或木箱）栽植。要选择土壤

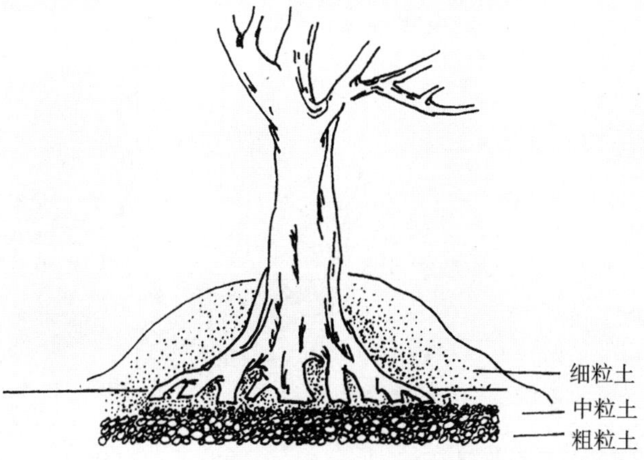

图5 地栽

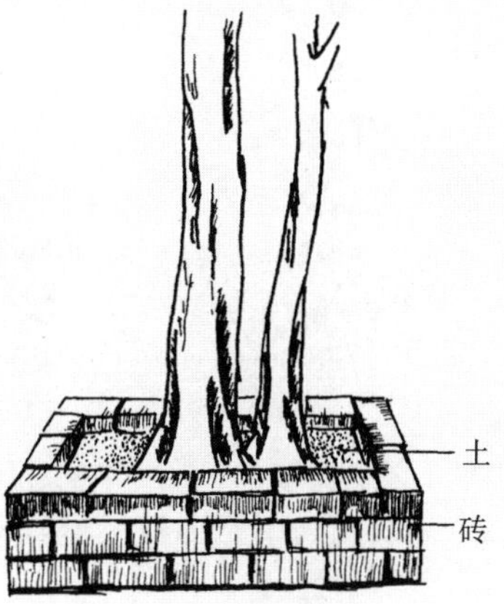

图6 砖围地栽

疏松肥沃、排水良好、阳光充分的地方养坯。

（1）地栽：栽前应深翻土壤，挖好排水沟，最好在栽植时掺进1/2山土。树桩宜用干土，根的缝隙易于捣实，浇水后，土和根可紧密融合，利于树桩成活和生长。在南方雨水多、土质黏性大的地方，应采用垄栽法，以利于排水，防治烂根。垄的宽高，可根据树桩大小而定。地栽树桩应适当栽深些，枝干顶部露出地面，这样有利于发根和萌生新枝，也有利于加工造型（如图5、图6所示）。

栽植树桩的土壤，如是下山桩，最好选用素心土，已养坯1年以上的树桩，可用营养土。

（2）盆栽：采掘的树桩除地栽外，也可选用泥盆、木箱、箩筐等栽培，容器的大小视树桩的大小而定。底部留有排水孔，为了透气性良好，可在容器底部垫层粗砂。盆栽有利于结合造型加工和精细管理。为了提高盆栽的成活率，可连盆带树埋在泥土里，保持盆土湿润，促进生根和萌发枝叶（如图7所示）。

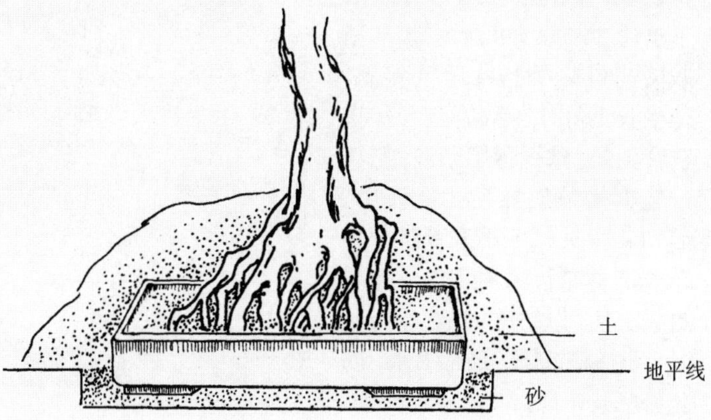

图7 盆栽

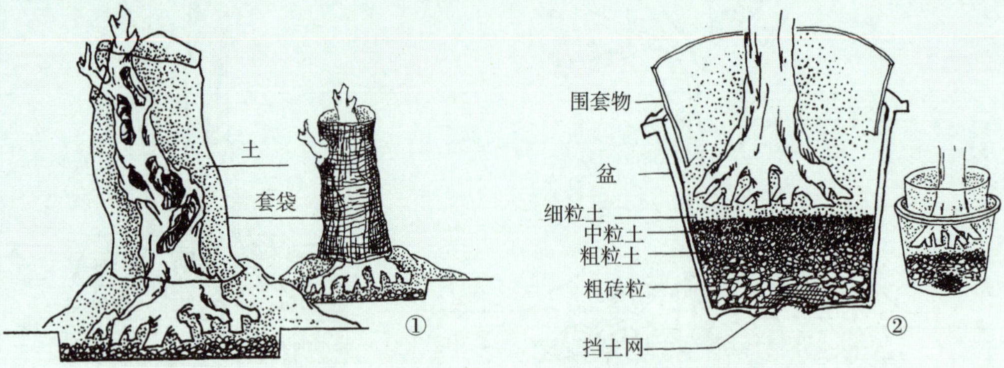

图8 露地套栽和泥盆套栽

3.套栽

野外采掘的老桩，根心枯空，树龄老化，新陈代谢功能差，成活率较低，冬季易受冻害，可采取套栽法养坯。树桩栽植地里或泥盆内，用塑料薄膜袋或其他袋状物（如蒲包）将枝干套住，留出顶部芽点位置，周围填土，待叶芽萌发后，再将套袋由上往下逐渐拆除。套栽法可以保湿保暖，有利于老桩的萌发更新，提高成活率（如图8所示）。

养坯栽植应注意事项：①树桩刚栽时一般培土较高，成活后，生长旺盛期，树桩基部易萌发新根，如不及时清除周围壅土，日久新根越长越旺，而原来主根会逐渐被新根替代而死亡。所以栽植成活后，生长正常时，要及时除去培土，逐渐将主根露出，促使原根生长出更多须根。②一般盆景树桩的培养，要按上盆时的姿态栽植，如斜干式盆景则枝干要倾斜栽植；悬崖式则枝干要下垂，或栽植后利用顶端向上生长的习性，可将盆栽树桩倾斜放置，让枝冠下垂弯曲（如图9所示）。③新栽树桩刚成活时，切不可施肥，待生长正常时，逐渐施肥，促进枝叶生长。掌握薄肥勤施，肥料一定要发酵腐熟后才能使用。④初栽树桩，冬季寒冷时要用草或旧棉花包裹树干，或用塑料袋套住，以防冻害。夏季炎热时，要搭棚遮阳，经常喷水，防止暴晒及干燥。

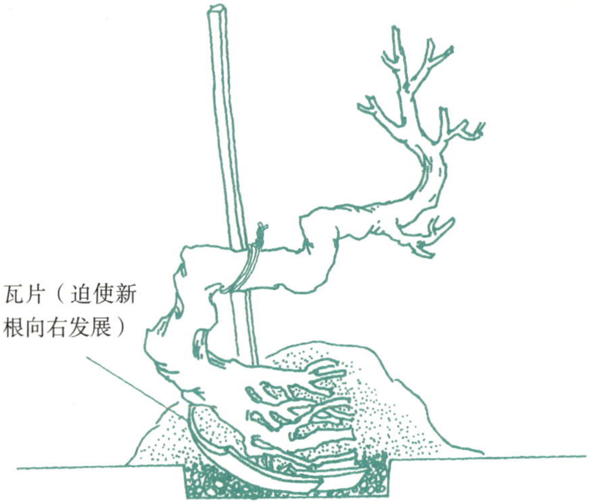

图9 悬崖式蓄养法

（三）加工造型

树坯的加工造型遵循一系列盆景创作的艺术手法，对树桩材料先进行仔细观察和推敲，因材加工，决定塑造什么形式盆景，其根、干、枝的骨架要协调匀称地进行蓄养安排。

1.蓄养

蓄养和养护是不同的概念，养护是指树木盆景在生长过程中的保养护理，而蓄养是指树木盆景造型过程中采取蓄养方法结合攀扎、修剪、嫁接、雕刻使根、干、枝的形态按人的意愿去发展。一盆好的树木盆景，它的根、干、枝须比例合理匀称，在造型过程中其枝干弯曲、冠型剪裁较容易处理，而粗细协调、匀称、比例合理必须依赖于蓄养才能完成。蓄养好比“加法”，修剪刻挖好比“减法”，树木造型须“加”“减”并用，巧为互补。蓄养能发达根系，利于伤口愈合，使枝、干、根比例合理匀称、树型丰满、自然美观，弥补攀扎修剪之不足。

（1）蓄根：根是树木赖以生存的主要组成部分，很大程度上决定树木长势的优劣。从树木盆景角度来讲，根的造型是表现盆景美的重要部分。蓄养好根，除有利树木生长外，还能增强树木盆景造型艺术的感染力，使之更加完美。俗话说：“无根”即为插木，没有好的根盘，不能称得上盆景佳作。

图10 诱根蓄养

山野采掘树桩一般树龄较长，根部较大。由于自然生长，枝干姿态很美，根部往往有不足之处，在养坯时，可采取补根法，诱发新根。树桩一侧无根可采取靠接法，选择同种树苗紧贴缺根部栽植。第2年树桩及补植树苗生长健壮，春季进行靠接，接活后，将接穗苗剪去。这种补根法，可使老桩残缺根系恢复生机，更新生长。利用树桩蓄根法，可塑造出理想的根型（如图10、图11所示）。

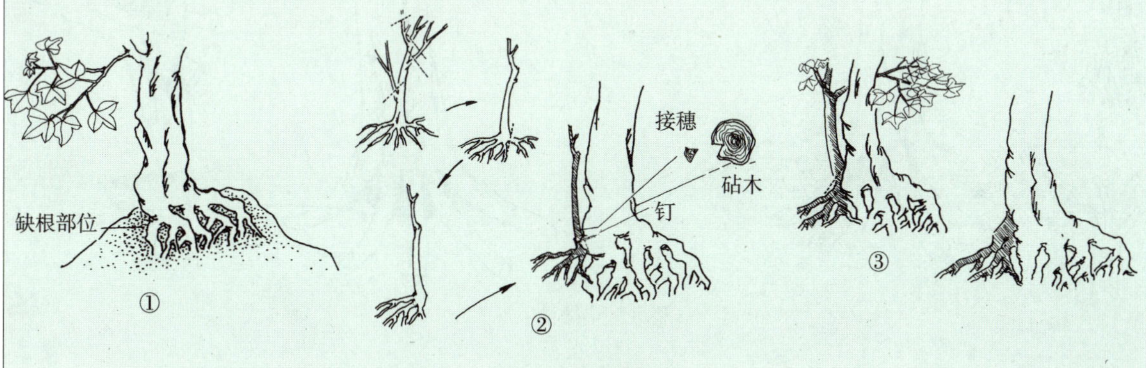

图11 嫁接蓄根

此外，在蓄根的技法中，还可采用悬根法、垫根法、盘根法、挤根法、围套法……培养各种形式（如平展根、提悬根、盘根、连根等）的根系。这对繁殖苗的蓄根更为适合。

垫根法：选取健壮的盆景树材，将全部根系掘起，洗掉泥土，剪去所有向下根系，注意保留四周侧根，清理成放射形，用扁形物体如木板、瓦片等垫在根部下端，再用棕丝或易腐绳带将根系均匀地缚扎在垫物上。在培养过程中应尽量保留树冠，促使根系生长，数年后即可蓄养一理想根型(平展根)(如图12、图13所示)。

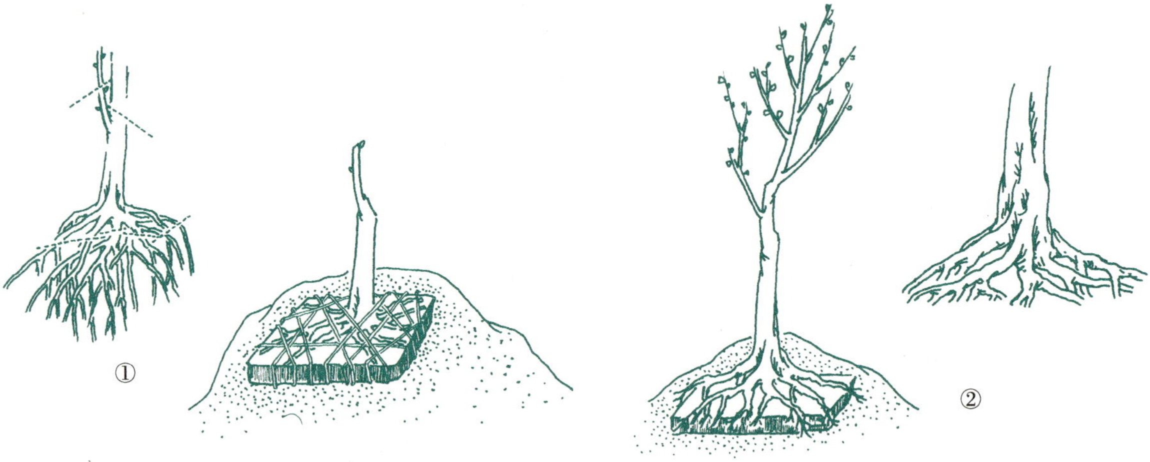

图12 垫根法

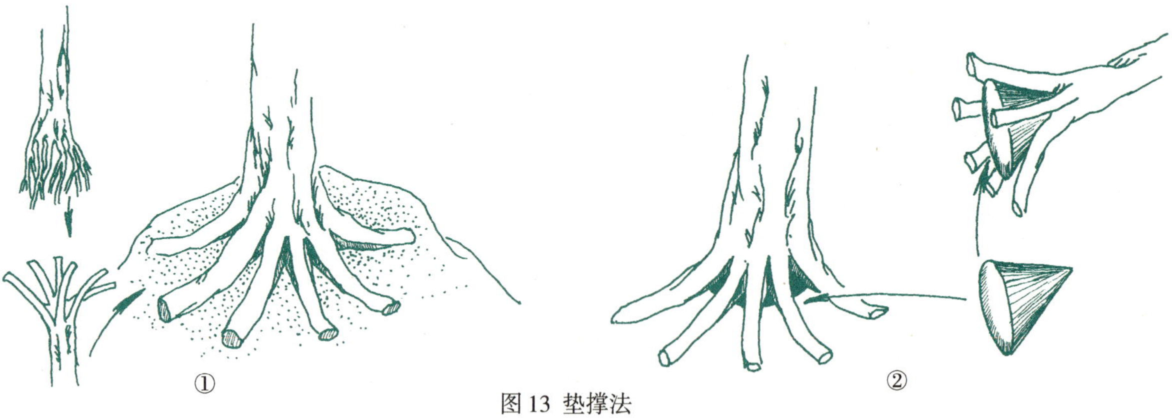

图13 垫撑法

盘根法：选用根部柔软易于盘曲的盆景材料，如榕树、金雀、紫藤、榆树等，春季挖起全部根系，洗去泥土，保留适于盘曲的长根，将锥形棕(锥形体)塞入根部中间，把根沿棕外围分开，再编排盘曲长根，粗细有别，自然得体，使根形呈喇叭状，再用易烂绳带缚扎。将盘曲处理的树材植于地下，或植于稍大的泥盆中。经过盘根蓄养，并逐渐提根，若干年后，即可培养出奇特而美观的盘曲根型(如图 14 所示)。

图 14 盘根法

挤压法：在树木生长过程中，不断采取物理方法，对根基主根进行抑制挤压，使其形成板状根。选用生长快、根系发达的树材，如三角枫、榕树、朴树等。掘起后，洗去泥土，保留侧向主根，将侧根向四周分成 5～5 根，根底呈“喇叭状”，并将锥形物体塞入根下养护。成活后，扒出主根，用自制刀形铁板且带螺丝，分别将分开的侧根夹持拧紧，两年后拆卸夹板，即可塑造成别具风格的板状根(如图 15 所示)。

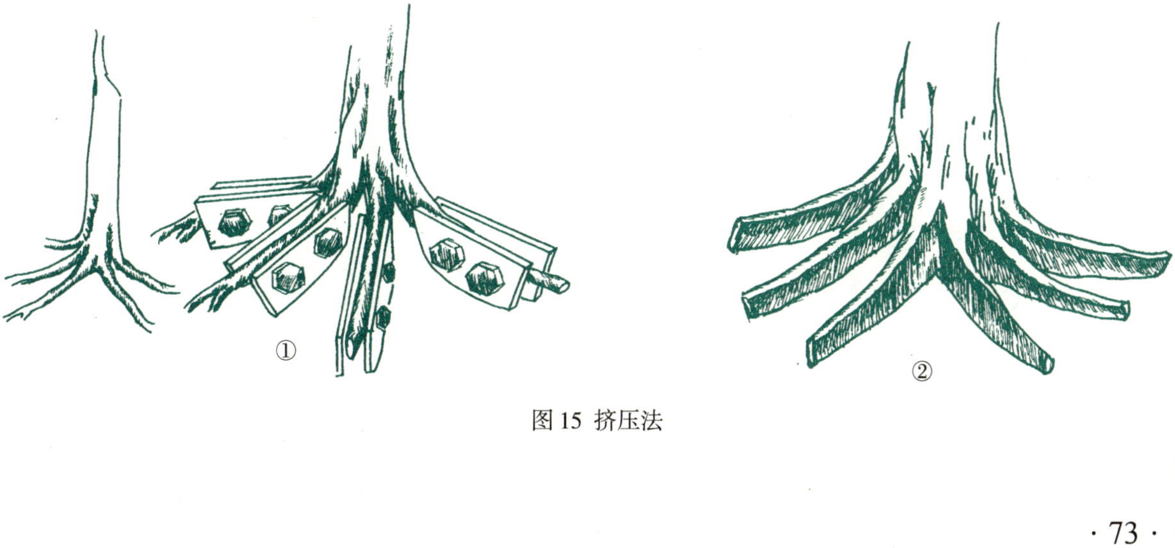

图 15 挤压法

围套法：用围套的方法，控制根的扩张，迫使根系向下生长，培养不同形式的悬垂根。春季掘起健壮的树材，洗去根部泥土，剪除短侧根，保留下垂根系。向四周扩散的根，可用易腐烂绳线绑扎一下，选用高筒泥盆栽植，上部再用厚塑料或油毡将根部围起来，进行蓄养，两年后，拆除围套物，即可形成风致独特的悬垂根。在以后翻盆过程中，可逐渐把悬根裸露于盆面，提高观赏价值(如图 16 所示)。

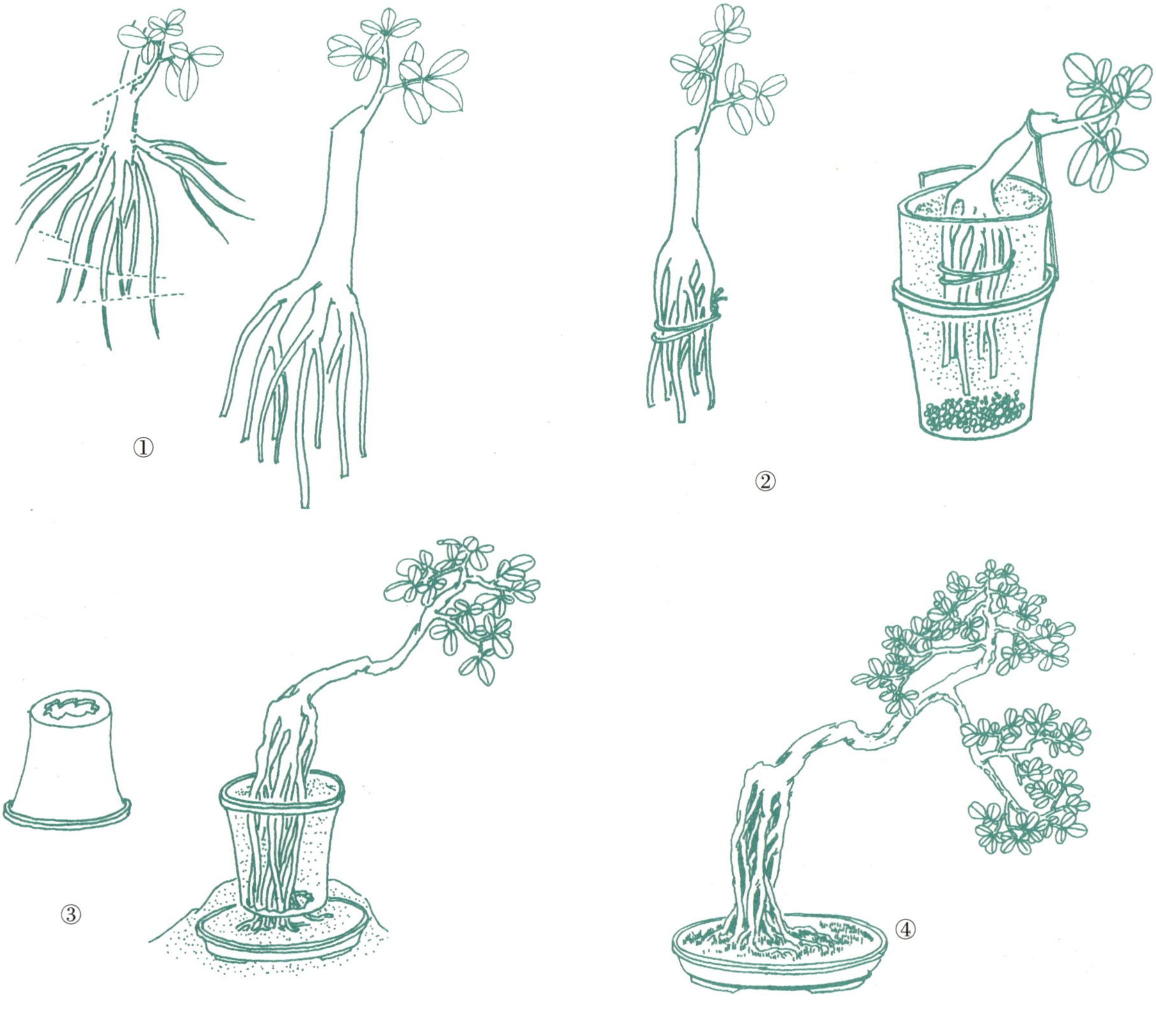

图 16 围套法

(2)蓄干：干是树木形态的重要组成部分，它将树冠与根连成一个整体，起着养分的输送和支撑树冠的作用。从树木盆景加工来讲，干的粗细、力度、动势，对整体造型起到举足轻重的影响。如要制成一盆树木盆景佳作，必须根据树材的自身特点，先蓄好根、干，再蓄养分枝、侧枝。野外采掘树桩的蓄干，要根据不同树种习性，灵活掌握。凡生长速度慢，截面很难愈合的树种，如松柏类及杂木类的雀梅、枸杞、六月雪等，采掘时应最大限度保留好根、干、枝，求其完整。而采掘到一些生长较快且伤口易于愈合的树种，根盘非常好，干形不理想，可下决心将干部不理想部分截除，重新蓄养主干。截面大者可养成双干，截面小者可蓄养成单干(如图17所示)。

图17 蓄干法

剖干蓄养法：野外采掘到的杂木树桩如三角枫、榆树、小叶女贞、福建茶、榕树、朴树等生长较快的树种，根盘甚好，而上部的干不够理想，可将其锯除，并将干的截面剖切成双干型或三干型。第2年春，根据发条情况确定干型。双干型的将主干截成一高一矮，一主一次，参差有致。并任其生长，用蓄枝截干法，蓄出主干。当蓄养的主干基本理想后，再用金属丝攀扎分枝、侧枝。经过数年蓄干、攀扎，使剖干部位蓄养的枝干，日趋丰满成型(如图18所示)。

①

②

③

图18 剖干蓄养法

单干蓄养法：根部完好的树材，如上部主干不理想，可在适当高度截去，重新蓄养枝干，截面小者可蓄养单干。第二年春，根据新枝条萌发位置，将主干截成理想高度，用金属丝对顶枝进行攀扎定位、做弯，等枝条定型后，拆除攀扎物，任顶枝生长。蓄枝为干，主要适用于生长较快的杂木类树种，松柏类不宜采用此法(如图19所示)。

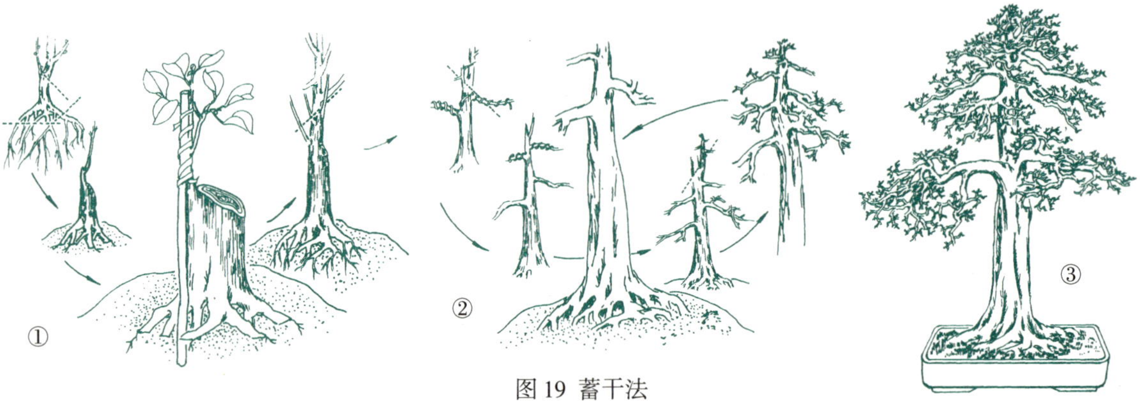

图19 蓄干法

(3)蓄枝：枝条是树木盆景造型美的重要组成部分，无枝则无冠。在树材加工造型中，往往因为枝与干、枝与枝之间粗细比例，排列位置不合理，而难成佳作。树木的自然生长规律，是下粗而上细，如因造型不当，下部枝干瘦弱，而顶端枝条反而粗壮，则失去自然美。所以必须采取抑上养下措施，有足够营养供给下部枝条，使其长粗，形成丰满的枝冠。

枝条蓄养应在根、干造型基本完成后，再对枝冠进行制作，但不要急于求成，可由下向上逐步推进，越是接近顶部枝冠，成型越快。所以对顶部枝条进行定位、绑扎，应及时剪除徒长枝、四强枝，蓄养下部枝条，让其长粗。当下部枝干蓄养达到一定粗度时，再蓄养侧枝，根据造型需要，或以修剪为主，或以攀扎为主，进行不同造型处理，在下部枝干造型基本成型后，再逐步向上推移。这样就使得枝与干、枝与枝比例协调、合理，形成优美的枝冠(如图20所示)。

图20 蓄枝法

(4)蓄截口：山野挖掘的树桩，在养坯过程中，需要进行造型剪截，形成大小不等的截口。截口愈合不好，逐渐溃烂，不仅有碍观赏，且影响其生长和寿命。因树种不同，以及截口大小、生长快慢的差异，其愈合能力各有不同。阔叶树种愈合能力强，松柏类的愈合能力差。截口大的树材，最好地栽养坯，不急于造型，枝条定位后，任其生长不加束缚，其截口愈合就快得多。

斜锯后的截口用刀将周围削去一部分，呈小圆弧形，以利于截口的愈合。留条位置应根据造型的需要，留在截口的一侧，不宜对称留条。蓄截口的枝条应放在需要增粗的位置，当所留枝条长到1.5～2厘米粗时，即可剪去，如截口尚未愈合好，可继续再留条直至截口愈合为止。

雀梅的截口较难愈合，且截口下部表皮容易坏死，所以蓄养截口时，要在截口下方留一枝条，待截口基本愈合后或长势旺盛时剪去。

截口过大愈合困难时，可用靠接的方法，运用该树的枝条靠接截口处。嫁接愈合后，剪去接枝，在截口中间处的嫁接枝条上继续放条蓄养截口。

2.造型

(1)攀扎弯曲：在树木盆景造型过程中，枝干弯曲是造型不可缺少的重要内容，通过弯曲来改变枝干的原来形式，合理占有空间方位从而达到形式美。在我国传统的树木盆景造型中，多用棕丝、棕皮来攀扎，弯曲调整枝干。其棕法技巧，仍值得借鉴。随着现代工业的不断发展，在树木盆景造型过程中，对树木枝干弯曲、调整的攀扎材料及方法更为广泛。尤其是金属材料的运用受到越来越多的树木盆景制作者的青睐。传统棕法攀扎不易伤害植物，工整秀丽，但技术要求高，工时长。金属丝攀扎易于操作，可随心所欲，得心应手，省工省时，攀扎的作品自然有力度，但易损坏植物表皮，且难拆卸。所以弯曲攀扎时，可据制作者的喜好及造型需要，选用棕丝或金属丝，也可金、棕并用。对枝干弯曲，要了解不同树种的习性，根据粗细，把握好时间季节，灵活运用不同的方法。尤其对主干的弯曲要做到胸有成竹，能弯曲到什么程度，就弯曲到什么程度。亦可分阶段逐步加大弯曲度，弯曲时注意保护好木质部和表皮。对一些粗干造型可弯可不弯的，尽量少弯或不弯。小苗培育的盆景树材应自幼弯曲攀扎，山野采挖大型盆景树桩，可通过改变种植形式，或巧借树势来减少弯曲度。

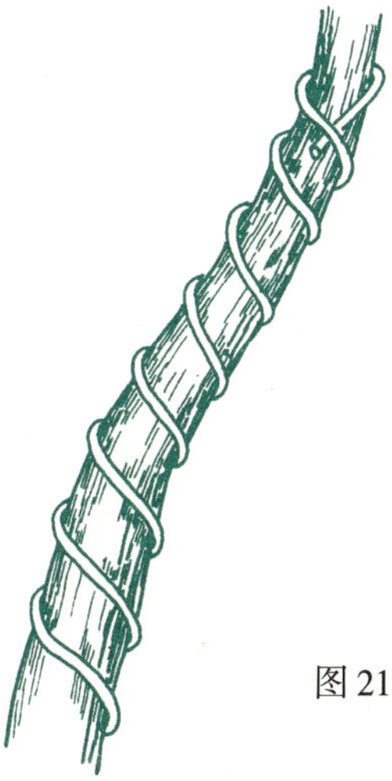

图21 攀扎

①金属丝攀扎：常用的金属丝有铜丝、铅丝、铁丝，根据攀扎树材的粗细、韧性、色泽，选择不同粗细的金属丝。因金属丝强度大，易损植物表皮，可用弹性好且质地软的牛皮纸、棉布、塑料制成带状，将金属丝包缠起来，必要时也可将攀扎的树干也包缠起来。注意及时拆卸，以防金属丝嵌入木质部(如图21、22所示)。

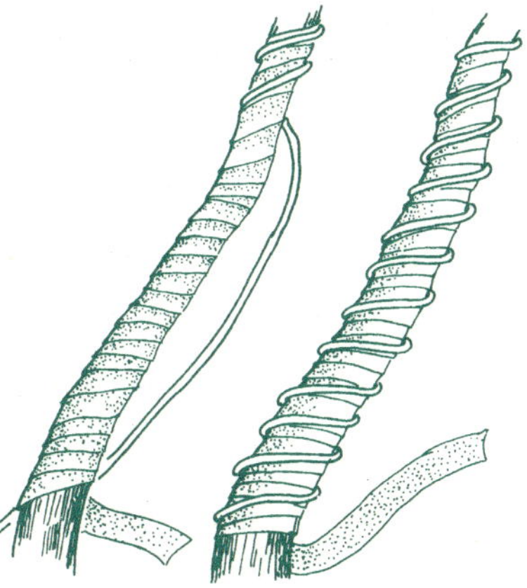

图22 枝干的包缠

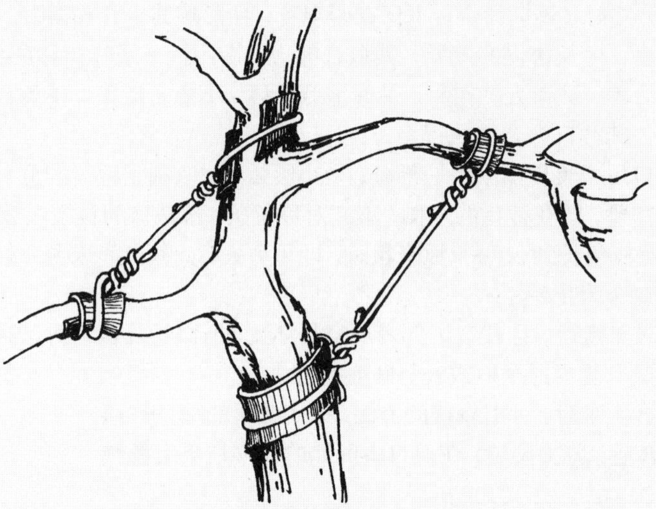

图 23 金属丝吊拉

攀扎应先主枝，后次枝，再小枝，由下往上、由里往外、由粗至细。将金属丝始端固定，可一根，也可两根并用，贴紧枝干，按金属丝和枝干的相切45° 角向上攀绕，至需要位置时，将金属丝末端紧靠树皮，不得翘起。

杂木类在生长季节攀扎，在半木质化时最适宜，此时枝条生命力特别旺盛，即使折裂，也容易愈合。松柏类宜在休眠期攀扎，如在生长季节攀扎，树汁外流较严重，影响其生长；在秋末初冬攀扎，树枝不宜过分扭曲，此时被扭裂的枝干，其伤口得不到及时愈合，易遭冻害而死亡或生长不良。凡攀扎量较大，金属丝未拆卸的植株，夏天应避免阳光直晒，冬天应避免露天吹冻。枝条的弯曲，可扎实后进行，也可边扎边弯。弯曲时，应沿金属丝攀扎方向，旋扭弯曲，若直接弯曲会使金属丝松离枝干而失去作用。弯曲力点避开金属丝缠绕的空当处，选金属丝包缠处。稍粗的枝干，金属丝缠绕达不到弯曲的目的时，可用金属丝吊拉(如图23所示)。因其受力点集中，易损坏树皮，可在拉吊受力点处，包垫厚皮纸或布带等。通常主枝缠绕用较粗金属丝，小枝则用较细金属丝。

②棕丝攀扎：视被攀扎枝干粗细，将棕丝捻成不同粗细的棕绳，根据枝干生长的位置、弯曲形式，找出最佳的攀扎点与打结的位置。开始的攀扎点应尽量选择分枝、树节，或粗糙处，以防棕绳滑动。如攀扎点光滑，可用棉织物缠绕。弯曲间距视枝的粗细、硬软程度，灵活掌握。枝条细软间距可短一些；硬且粗的，间距可长一些，弯曲部的内弧处用锯拉口，深度小于干径1/2，并用麻皮缠住伤口。攀扎时间，除传统攀扎外，自然式造型的可根据需要适时攀扎。攀扎对树干有伤害时，可在早春进行，利于伤口的愈合。攀扎顺序，先扎主干，后扎大枝，再扎小枝。扎枝叶时，先扎顶部后扎下部(如图24所示)。

图 24 金属丝吊拉

A.向下弯曲：棕绳的始端采取扣套方法系在主干的根部不宜滑移处，找出向下弯曲最理想的拉力点，把主干向下试压数次以酥松木质部，用棕绳系拉固定(如图 25 所示)。

图 25 向下弯曲一

图 26 向下弯曲二

棕绳不宜系在主干上时，也可系在相邻粗干上。弯曲枝条和主干角度较小，向下弯曲时容易在杈口裂开。可在杈口近处系一根棕绳向上拉，也可用弧弯铁件绑扎在杈口下方，或用棕绳在杈口处将两枝条系在一起，然后再攀扎弯曲该枝(如图 26 所示)。

主干光滑粗壮，用呈“卩”形的铁件固定在适当位置，再系棕绳弯曲枝干(如图 27 所示)。

图 27 向下弯曲三

图 28 向下弯曲四

主干太粗，弯曲困难时，在干的弧弯部内侧间隔锯切口(深度是干径的1/3～1/2)，用麻皮或棕皮将锯口处包扎紧，再进行弯曲(如图 28 所示)。

B.水平弯曲:

水平枝的弯曲：干枝按逆时针方向作水平弯曲时，把棕绳中间部系在枝背面，绕过主干，按逆时针方向系拉枝干；干枝按顺时针方向做弯曲时，棕绳系在枝的正面，绕过主干按顺时针方向系拉枝干(如图 29 所示)。

上扬枝的弯曲一：上扬枝向观赏小面作水平弯曲，上扬枝向观赏大面作水平弯曲的情形(如图 30 所示)。

图 29 水平枝的水平弯曲

图 30 上扬枝的水平弯曲一

上扬枝的弯曲二：棕绳系在下部，把上扬枝牵拉成水平状，再用棕绳系在该枝的基部，根据需要向观赏大面、小面作水平弯曲(如图 31 所示)。

下垂枝的弯曲一：下垂枝向观赏大面作水平弯曲时的情形，下垂枝向观赏小面作水平弯曲时的情形(如图 32 所示)。

下垂枝的弯曲二：将下垂枝系拉成水平状，再用棕绳作水平弯曲(如图 33 所示)。

C.连续弯曲：凡在一个水平面上作重复弯曲的，可用连棕方法进行连续弯曲。

选择好攀扎树材。根据需要保留部分侧枝，剪除余枝，使主干裸露。将树材斜放盆钵上。如主干粗滑，把棕绳用“油漏套法”系在干基部固定好，选择主干上部适当位置打活结弯曲主干。

第一弯形成后，将活结打成死结，用“连棕”法，再扎第二个弯、第三个弯。主干扎好后，由下往上再扎侧枝。凡在一个水平面作连续弯曲的都可用“连棕”方法扎弯(如图 34 所示)。

图 31 上扬枝的水平弯曲二

图 32 下垂枝的水平弯曲一

图 33 下垂枝的水平弯曲二

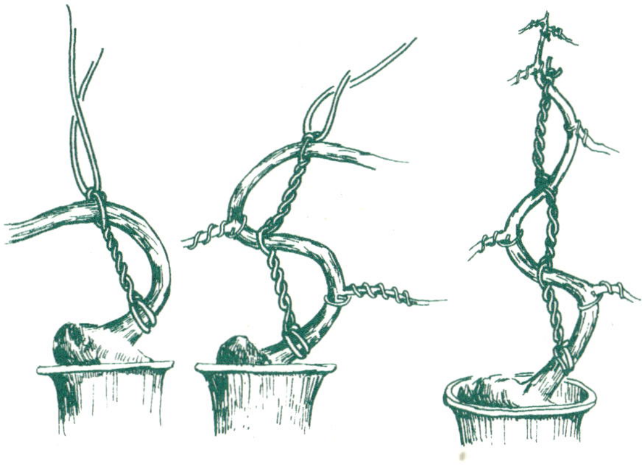

图 34 连续弯曲

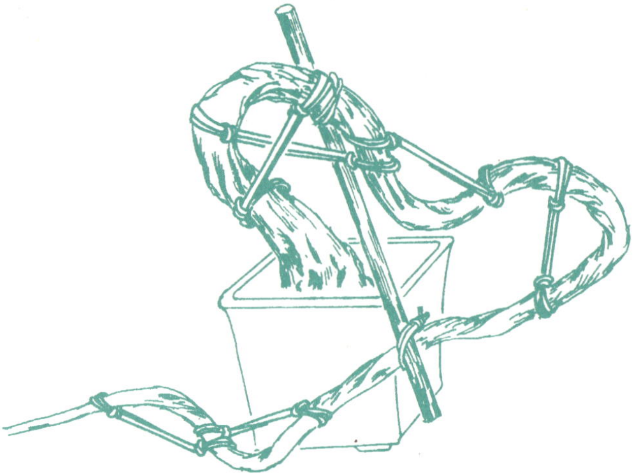
图35 扭旋弯曲

D.扭旋弯曲：其弯曲方法和以上弯曲方法大同小异，不同的只是其弯曲度不在一个水平面上，往往需要做顺时针方向或逆时针方向扭旋，调整弯曲形式。树材韧性好，愈合能力强，易于扭曲的，如柏类、松类、梅、榆等均适宜扭旋弯曲。杂木类应自幼攀扎。攀扎时要把握好力点以及系棕打结的位置，注意按统一方向扭旋弯曲。位置达不到理想点时可用棍棒辅助。主干较粗扭旋困难时，可在弯曲部位刻一槽沟深达本质部，再作扭曲(如图35所示)。

③金、棕并用攀扎：金属丝对小枝条的绑扎时间快、效果好、且有力度，但对较粗枝干的弯曲，较为困难。而棕丝攀扎无论粗细皆可。棕丝攀扎，主要通过两点的收缩，使枝条弯曲，其弯曲的形式，柔多刚少。因此，把金属丝和棕丝并用，能取长补短，刚柔相济。主干枝的弯曲用棕丝攀扎、牵拉，小枝条的弯曲用金属丝绑扎。

春季选择形体理想的小叶榆，掘起后疏剪侧枝，斜植泥盆中。栽活后的翌年春，用棕丝攀扎主干。用不同粗细的金属丝由下而上逐枝攀扎。若枝条位置不够理想，可手棕绳牵拉调整(如图36所示)。

图36 金、棕并用

④其他攀扎方法：枝干弯曲除用金属丝、棕绳攀扎外，还可以利用剖干、锯切、开槽、绞、吊、拉、顶的方法。

主干不是太粗，且伤口愈合较为困难的树种，可在中间部位，按垂直弯曲方向切割，长与弧长相等。切割完毕后，用棕皮或麻皮将切口包扎紧，将棕绳扣套在干的基部，把两股绳绞在一起在干的上端打活结，弯曲到位后再打死结固定。如木质部较硬或干粗，切割困难，可用电钻在切割处打眼，将钢丝锯穿过洞眼锯切弯曲部(如图37所示)。

干粗时也可用粗锯齿，在弧弯内侧间隔连续锯切，锯口的距离、大小、深浅，视干的粗细而定，干粗锯口宽一些，距离密一点。锯的时候要注意保护树皮，以利于伤口愈合。弯曲后用棕绳牵拉，再用麻皮将锯口处包缠(如图38所示)。

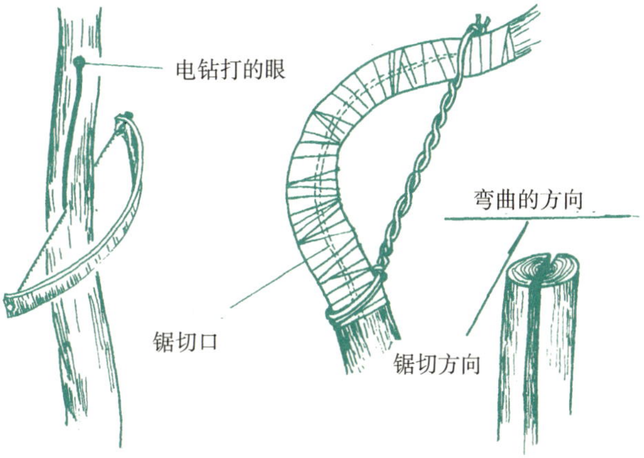

图37 剖切助弯

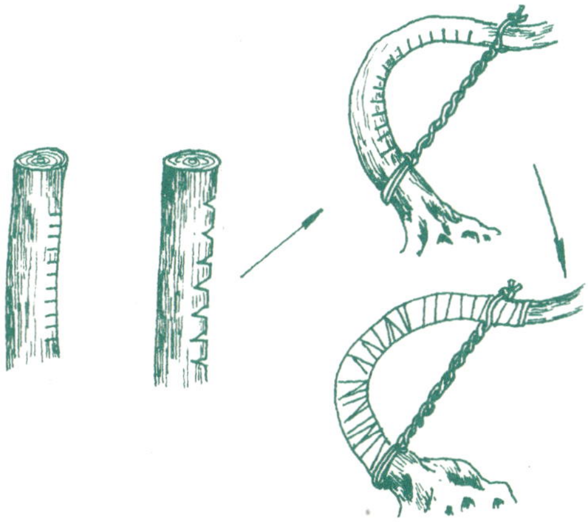

图38 切割助弯

对粗干的弯曲，还可按垂直弯曲方向开槽，槽深为干径的1/3～1/2，长与弧长相等，用麻皮包扎紧再弯曲，用棕丝或金属丝牵拉。如弧度小，不宜固定，可用铁件辅助(如图39所示)。

用轮胎皮等弹性物垫在受力部位，用粗铁丝绞，如枝干弯曲不能一次到位，可逐渐紧。如干太粗，可在弧弯内侧锯切助弯(如图40所示)。

像松柏类树木的弯曲，定型慢，除采取其他方法外，也可在弯曲后，用金属丝吊拉一定重量的物体，并根据弯曲程度及枝的负荷量，逐渐加重吊挂物体的重量，使其达到需要的弯曲度，注意将树木根部固定起来(如图41所示)。

根据弯曲弧度的大小，制作不同弧弯的“C”形铁件，“C”形外弧贴干位置有坑槽，用于固定树干，弯曲后的树干用“C”形铁件固定(如图42所示)。

图 39 开槽助弯

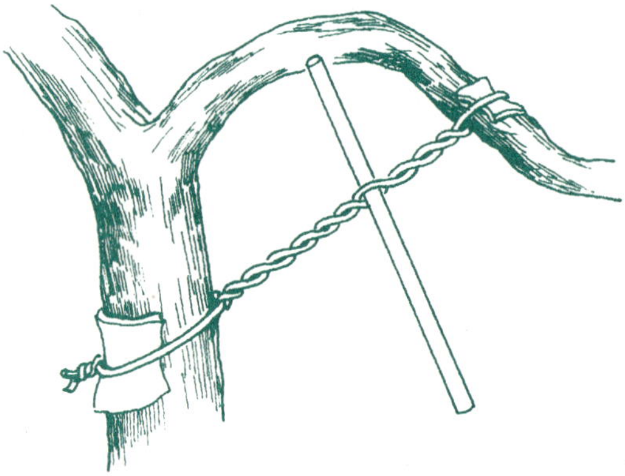

图 40 绞弯

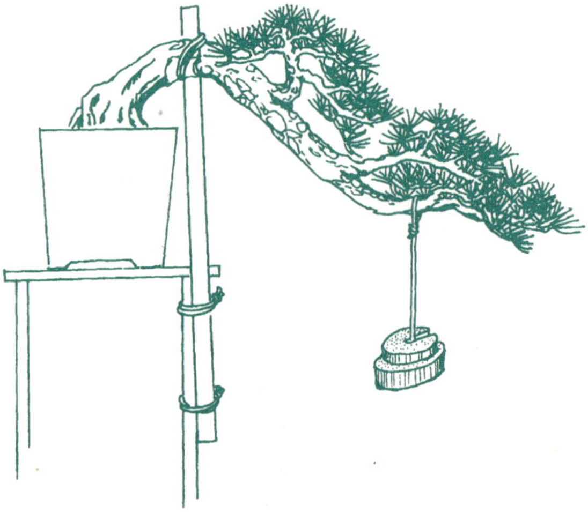

图 41 吊弯

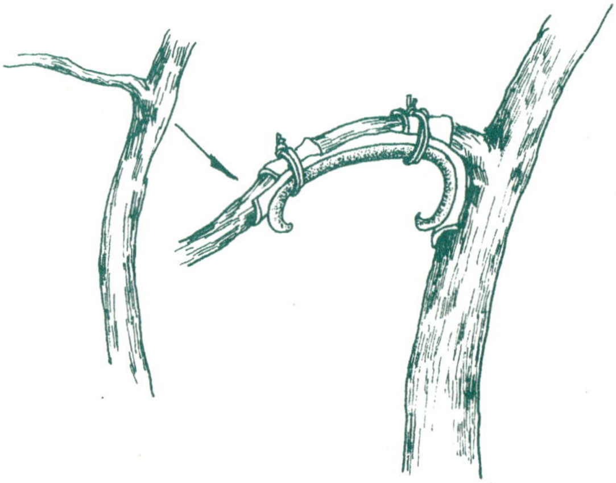

图 42 铁件助弯

图 43 拉弯

图 44 顶弯

一些难以弯曲的粗干，可借助弹簧或螺杆的推拉助弯(如图 43、图 44 所示)。

(2)修剪：从造型来讲，修剪和攀扎都是为了改变树枝干的弯曲形式，占有的空间位置，从而达到树木造型的目的。从养护管理来讲，修剪是为了保持和维护已成型的树木景观。按造型顺序的先后，可分为定位剪、缩剪、疏剪等。

修剪时间：杂木类盆景一年四季均可修剪，松柏类宜在休眠季节修剪。梅雨季节雨水多，空气湿度大，树木生长旺盛，应少剪，或不重剪，大量枝叶被剪去会影响正常生长，严重时导致死亡。另外，接近秋末不可重剪，强剪后新芽陆续萌发，寒流一来会冻死嫩芽。重剪、强剪的最佳时间为1～2月份树木处于休眠期。但一些不耐寒树种不宜在冬季修剪，因伤口较难愈合，易留疤痕。

修剪的目的是除去多余部分，保留其精华。使树形美观。修剪的多少要根据不同树种的生态习性和生长规律而定。如松柏类树种，年限较长的枝干萌芽特别困难，珍珠黄杨老化枝干也很难发芽，所以修剪时应注意不能多剪，同时要保留剪口下的叶芽。一般来讲，树木长势强、生长旺盛的可多剪，生长瘦弱的则少剪。从树木造型需要，通常要剪去杂乱的交叉枝、重叠枝、平行枝、轮生枝、对生枝、瘦弱枝、病态枝等(如图 45 所示)。留下枝条的养分集中，可长得健壮。

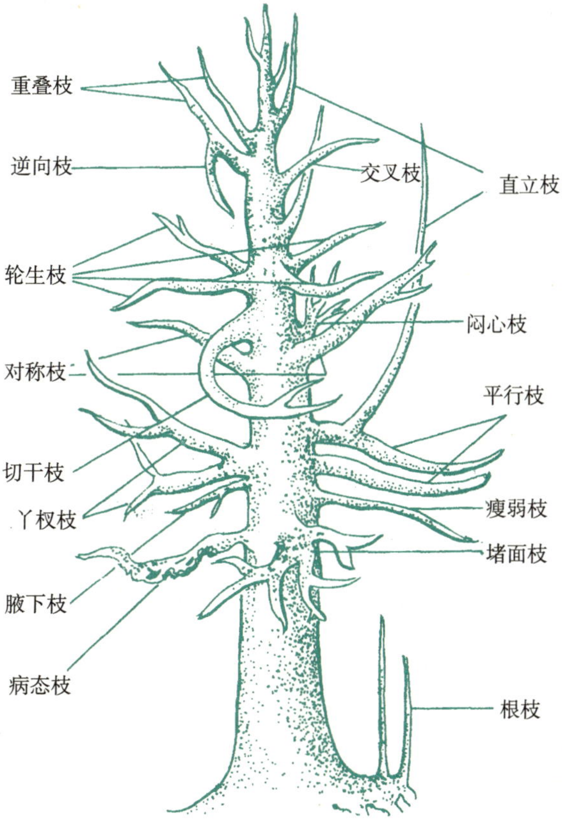

图 45 各种忌枝

修剪方法：剪口的端面应尽量避开大面与枝干相切为45°角，叶芽留在斜口上侧方向。在生长期，可贴近叶芽修剪，利于伤口愈合。非生长期，可在叶芽上端修剪(如图46所示)。

定位剪：即指盆景造型第一次修剪，确定保留不同位置的枝条，剪去多余的枝条。山野采挖的树桩，栽培成活后，萌发很多枝条，必须剪去大部分枝条，保留造型所需的骨干枝条，这就称之为定位剪(如图47所示)。定位剪之后，确定了枝条的数量、位置及枝条间的相互距离，它直接影响树木盆景的形态美。所以在修剪前，要认真构思，考虑树木造型的形式，所谓“意在笔先”，同时要做到“胸有成竹”，方可下剪。因为枝条的取舍，取决于树景形式的确立。保留的枝条应生长健壮，上下粗细协调，尽量避免平行、对称、重叠，做到疏密有致，围绕主干上下左右展开，具有动势。

图46 修剪

图47 定位剪

缩剪：是一种缩短枝条的修剪方法，也是树木造型和维护树景的重要措施。从造型来讲，通过缩剪使树木矮化，枝条丰满，自上往下粗细有度，弯曲有变。所以造型要注意三点：①被剪枝干与上节枝干的粗细过渡的比例适合；②缩剪时，留好芽眼的方向和角度，以调整新发枝条合理地占有空间位置；③缩剪枝节宜短忌长，第一节枝长于第二节，第二节枝长于第三节。从维护树景来说，绝大部分成型的叶木盆景，每年生长季节抽出的徒长枝需进行缩剪，以维护美的姿态。松柏类成型盆景主要依赖摘芽、摘心来控制超长枝，维持原貌。而观花、观果盆景的缩剪，要按其不同生长习性，采取不同修剪方法。如紫薇、石榴、海棠、枸杞等是在当年生新抽枝条上开花结果，休眠期可缩剪，生长期则不宜缩剪。早春开花的迎春、梅花、碧桃等宜在开花后修剪，可促其翌年花果枝的形成。叶木类盆景可在初夏、初秋缩剪两次，休眠期进行强剪，除去各种忌枝。火棘、枸骨短枝上开花结果多，除休眠期强剪外，春末夏初也可对当年的长枝进行缩剪，并勤施薄肥，增加光照，促其夏秋生出短枝，增加花果量。休眠期的强剪须适当保留短枝，确保翌年的花果(如图 48～53 所示)。

疏剪：维持树木景观，并能增加通风、采光能力，降低病虫害的发生，养分集中，促使枝叶茂盛，花繁果硕。

图 48 逼芽缩剪

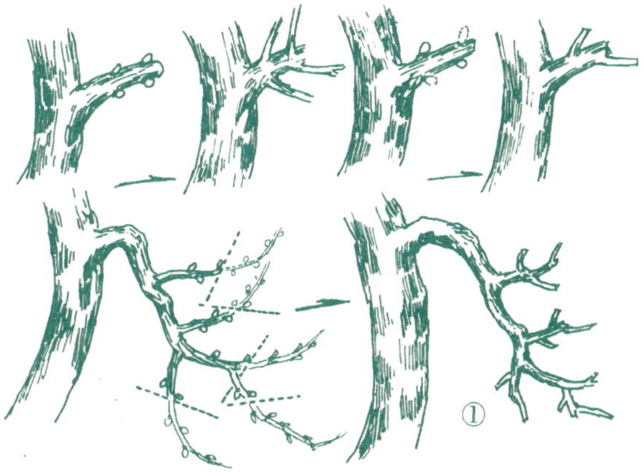

图 49 缩剪一

图 50 缩剪二

图 51 缩剪造型

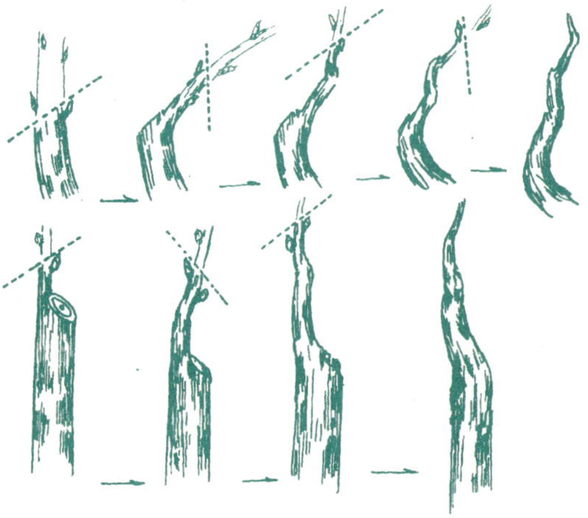

图 52 缩剪中的枝条弯曲

图 53 花果盆景的缩剪

疏剪时间根据强剪和弱剪的不同而有所差异，生长期，枝叶繁茂，可随时弱剪，但不宜强剪。萌发力强的树种，如雀梅、榆树、小叶女贞、三角枫等，可避开梅雨季节，进行强剪。剪后应减少浇水量，勤施薄肥，加强光照。一般情况下，树木上端疏剪量可大些，下端疏剪量可小些，因为下端枝条要难长些，疏剪的对象主要为各种忌枝，以及过密的枝冠，在上下枝冠同等重要的情况下，应尽量留下剪上，使上端枝冠的体量小于下端枝冠的体量(如图 54 所示)。疏剪后，树冠生长受到压抑，会萌生许多新枝条，应及时剪除。修剪方法还有抹芽、摘心、摘叶等措施。

图 54 疏剪

抹芽：树木盆景发芽力强的树种，在生长季节，发芽既多且快，要不厌其烦地及时抹去一切不需要的芽，包括根芽、干芽及腋芽等。同时要注意保留芽的方向、位置和密度。以免萌发叉枝、对生枝和重叠枝，影响树形美观。榆树、雀梅、迎春、六月雪等树种，易产生不定芽，更应注意抹芽(如图 55、图 56 所示)。松类树种如黑松、黄山松、锦松等通过抹芽可使枝短叶密，防止春季新梢过长，影响美观(如图 57 所示)。

摘心：即摘去树木生长期的新梢嫩头，抑制新梢过长，促进侧枝生长，使枝节变短，以保持树形姿态美。摘心时间，因不同树种萌发期不同，而有所区别。叶木类盆景，当新叶展开2～4片时即可摘心(如图58所示)。花果类盆景，要根据不同花果期而灵活掌握。如石榴在当年新生枝条顶端开花结果，就不能在生长期摘心。紫薇也在当年新梢顶端开花，但花期在夏秋，摘心要早，春芽初展4～5片叶时即可摘心，以激发侧枝生长，增加开花量(如图59所示)。如肥水勤施，摘心得当，紫薇一年可开两次花。松柏类盆景，当新芽长出后，视其生长强弱， 摘去嫩梢的1/3～1/2。五针松新梢要待针叶呈现后再摘，以防将叶端全部摘除。摘心的次数因树而异，生长旺盛的叶木可在春季、梅雨季、

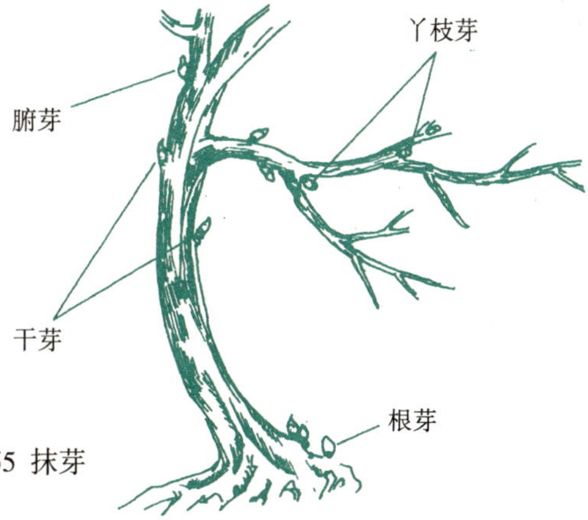

图55 抹芽

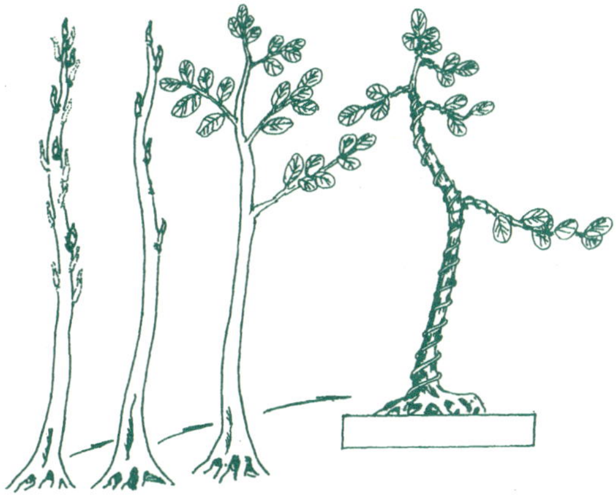
图56 疏芽

图57 松类抹芽

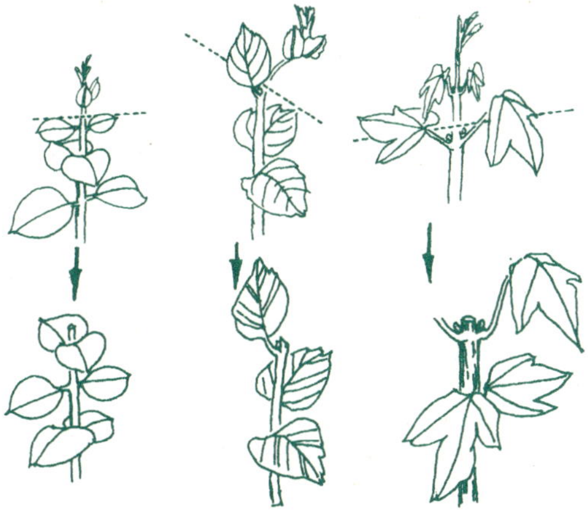
图58 叶木类的摘心法

图59 花木类的摘心法

仲秋生长高潮期摘心2～3次。松柏类盆景，摘心1～2次。摘心方法可用手掐，也可用长细剪刀剪除。柏类最好用手掐，以防金属刀剪后变色，有碍观赏。盆景造型初期不要摘心，新抽枝条可促进根系生长。生长瘦弱的树木盆景不宜摘心。

摘叶：适当摘叶能使叶片缩小，提高盆景的观赏价值。有人把这种方法称为“脱衣换锦”。一般来说，树木在春季萌发的新叶最为诱人，随着季节的推移，夏日曝晒，原先叶泽光亮，色彩鲜明，慢慢变得老气横秋，通过摘叶处理，能再一次发出鲜嫩新叶，增加一次最佳的观赏效果。一些老桩，铁枝虬干，峥嵘铁骨，而新叶如碧，青翠欲滴，春天一片生机勃勃。有的树种如鸡爪槭、卫矛、三角枫等，秋日里叶红胜于二月花，倍增情趣。能够摘叶的树材很多，如榆、朴、榉、雀梅、枫、槭、枸杞、火棘等。摘叶的时间因树种而异，叶木类可在初夏或初秋摘叶。常绿树则不宜摘叶。火棘、枸杞等观果树种，盛夏处于休眠状态，夏末可进行强剪并摘叶，秋末冬初以观景为主。槭树、石榴新叶为红色，通过摘叶处理，可数次欣赏其鲜艳多彩的新叶。在摘叶期间，应适当扣水，盆土不宜太潮，此外，要经常勤施腐熟的饼肥水，加强通风与光照，以促使萌发新叶。

(3)嫁接：树木盆景嫁接是一种造型方法。通过嫁接不仅可获得优良的盆景树材，而且可加快盆景成型的速度，取得事半功倍的效果。例如大叶罗汉松嫁接雀舌罗汉松、白花昂木嫁接红花昂木，可以改良品种，提高观赏效果。还可以通过嫁接方法补根、补枝、换冠，使树木盆景的造型更趋于完善。在树木盆景造型过程中，把攀扎、修剪与嫁接技法结合起来，将起到锦上添花的作用。

提高嫁接的成活率，主要是掌握好嫁接的技术，接穗与砧木的形成层必须吻合对齐、扎紧。接穗与砧木的亲缘关系越近就越易于成活。掌握好嫁接的时间，一般温度在20～25℃最适宜，此时形成层(如图60所示)细胞最活跃，分裂快，利于嫁接成活。接穗应选取生长健壮，无病虫害，叶片小，亲和力强的优良母树，最好是组织充实的营养枝。嫁接海棠、石榴等花果类树种，则应选取花果枝为接穗，可使嫁接植株提前开花结果，且开花多，挂果也多。

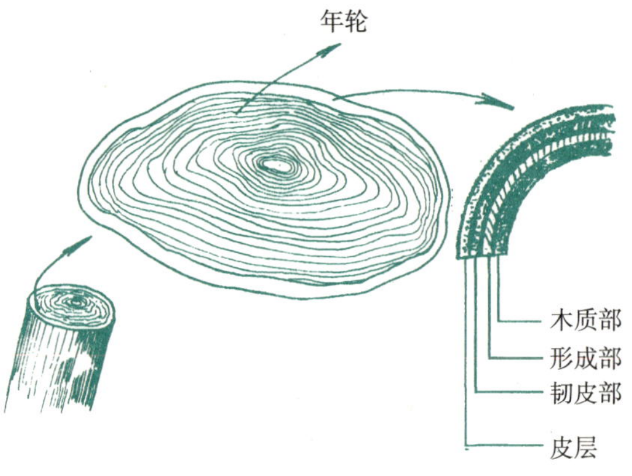

图60 树木截面示意图

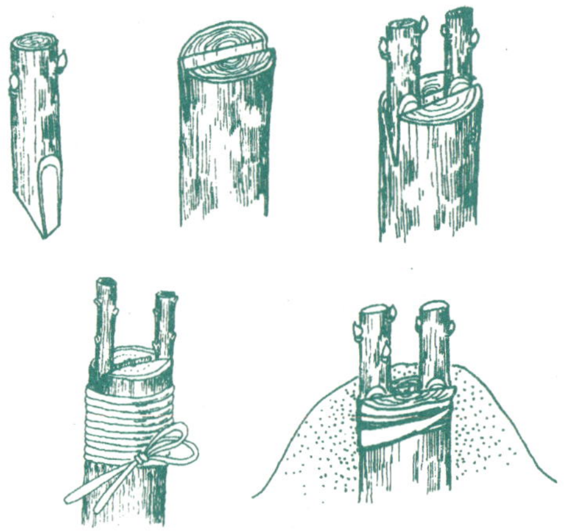
图61 劈接

嫁接前应备好工具，如芽接刀、切接刀、手锯、木槌、修枝剪，以及捆绑所需的塑料带、麻皮等。嫁接时应尽量做到平、准、快、严、紧的技术要求，这样可大大提高成活率。通常所用嫁接方法有以下几种：

①枝接：选取一年生枝条或当年生新梢做接穗，接于砧木上称之为枝接。常用的枝接方法有劈接、切接、腹接、靠接。枝接的时间于早春树木刚刚萌芽的半个月内为好，选择晴天的早晚进行，阴雨天不宜。采用的方法可根据具体情况来决定，一般情况下，当砧木直径大于接穗时或砧木较粗壮，可采用劈接或切接的方法，如花木类的海棠、花桃、石榴、蜡梅、春梅、榕树、桂花等；松柏类则可选用腹接方法，因为这类树种必须保留枝叶才能存活；而一些珍贵且嫁接不易成活的树种，需采用靠接的方法。

劈接：选择砧木上没有木眼疤痕，表皮光滑的适当位置截除上端，用利刀将砧木截面削光，并在砧木端面的中间垂直劈一裂口，深达砧木直径的1／3。把接穗削成兔耳形，稳固地插入劈开的砧木裂口中。其接穗可保留1～3个芽，如砧木很粗可同时插入两个接穗(如图61所示)。接穗和砧木的形成层一定要对齐吻合，否则难以成活。如砧木过粗，劈开后，裂口紧，接穗插入困难，可将竹片削成锥楔状，按入砧木裂口中间，撑开裂口使之保持一定的距离，利于接穗插入。接穗插入后，其裂口空隙处用棉花塞满以防渗水，接后再用塑料带包严捆实以防进水。靠地面劈接可用土覆盖呈包子形，覆土厚度以不碰接穗，留出其芽眼为宜。当接穗成活后，生长健壮时即可拆除捆绑物，及时剪除砧木发出的枝条，让足够的营养供给接穗生长。

盆景苗的繁殖可将砧木主干截断劈接，而一些成型的或山野采挖的老桩，因其主干粗壮，形成层粗糙，新陈代谢功能差，主干部劈接难以成活，即使成活，成型时间也过长。而在主干部位蓄养枝条达到一定粗度后，在新生枝条上劈接情况就不同了。如一盆成型的大叶石榴盆景，因其盆龄长，部分枝条老化或坏老，但主干骨架基本完好，休眠期将所有小枝干截除。脱盆后下地栽植培养，恢复长势，重新蓄养新的枝条劈接。嫁接成活后，及时抹除砧木部位所萌发的芽。当接穗伤口全部愈合后，接穗条够长时即可攀扎修剪、整形，几年后会得到一盆如意的小叶石榴盆景(如图62所示)。

图62 石榴劈接换冠

山野采挖容易得到比较理想的、

造型优美的中大型盆景树材，但往往因其叶大、品种差而苦恼。诸如野外挖掘到的狗牙梅、野梅、桃等树材，可通过劈接叶小的优良树种，使旧貌换新颜。从幼苗开始培养中、大型盆景，蓄养主干要花数十年或更长一段时间才能完成，而用山野采挖的粗壮树材劈接优良树种，可大大缩短成型时间，若干年内便可制作出一盆较为理想的树木盆景。例如在野外挖到一株单瓣野生梅花后，锯除粗长根及不需要的枝干，保留侧根和细根，剪除所有枝条，栽植在稍大的泥盆、木箱内，有条件地栽更好。成活稳定后，剪除多余的枝条，保留余下的枝条任其生长，第三年便可劈接好的梅花品种，如复瓣骨红、绿梅等。再经2～3年修剪、攀扎，便可制作出一盆理想的梅花盆景(如图63所示)。

切接：当砧木较细不宜劈接时，可用切接方法，把砧木截断，用利刀将截面削光滑，在截面的1／3处垂直向下切开，视砧木的粗细切入的深度为1～3厘米，将接穗一侧削成兔耳形，削面长度与砧木切口深度相近，再把削好的接穗插入砧木切口处，对好形成层，用塑料带或麻皮将接面捆绑严实(如图64所示)。

如野外挖掘到的粗大、骨架很好的青枫，栽植成活后在新发的枝条上切接红枫。利用切接的方法进行换冠，即利用粗本砧木众多的粗细适合的枝干，同时切接若干优良品种接穗。

腹接：常绿树，尤其是常绿的松树，如采用全部除叶的嫁接方法，则无法成活，需采用腹接的方法嫁接。早春，选择向阳、生长健壮1～2年生五针松或金叶五针松

图63 梅花的劈接换冠

图64 切接

作接穗，长度5～10厘米，摘去大部分针叶，保留枝端若干针束，将接穗两侧分别削成1～3厘米斜面，另一侧削成0.5～1厘米斜面，用黑松或马尾松作砧木。腹接部位的砧木最好为3～4年生、表皮光滑、生长健壮的枝干。枝条老化，有明显裂纹的不宜作砧木。接前把砧木修剪两次，以便于嫁接且使接穗能照到足够的阳光。根据砧木的粗细，用利刀从上往下斜切木质部1/2或1/3，长度和接穗切面相近，斜切角度30°为宜，将接穗插入砧木切口，接穗切口大面对准砧木切口的大面，对好形成层，用塑料带捆扎紧实(如图65所示)。成活后的第二年剪去砧木1/2或1/3针叶，第三年再全部剪除针叶，以利接穗的生长发育，雨天或浇水时，嫁接点不可淋水，待接口愈合后进入正常管理。

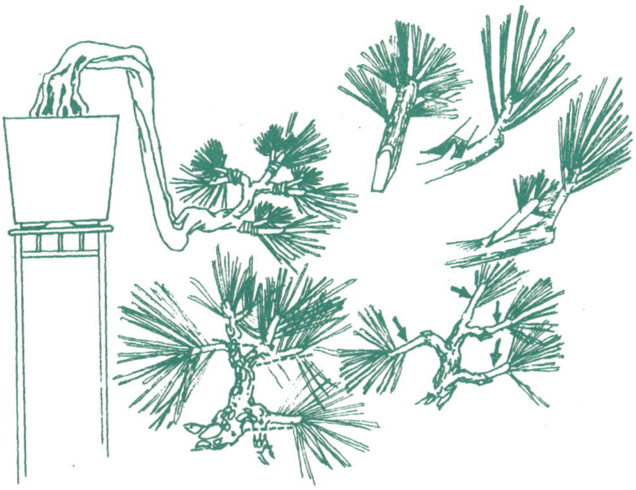

图65 腹接换冠

利用腹接的方法还可换冠，在野外挖掘到粗壮、干形好、品种差的盆景树材，蓄养2～4年后，进行高位多头腹接品种优良的同属树种。如一株干形好，已栽活数年的黑松，进行适当疏剪，留作砧木，根据其粗细择取1～2年生五针松枝条，在砧木各枝条上腹接数个点，接穗成活后，逐年剪除接穗上方的砧木，从而达到换冠的目的。

靠接：一些珍奇树种或粗壮、年龄较长的树桩，采用靠接的方法较易成活。靠接不仅可以繁殖珍奇盆景树种，也可对不良盆景树种进行换冠，对缺枝、少根的盆景也可进行补枝、补根(如图66所示)。枝、干、根不同部位的靠接应采取不同的方法。

图66 取木法

靠接的时间应在树木生长旺盛期进行，梅雨季节及阴雨天不宜进行，靠接同样需要将砧木和接穗的形成层对准吻

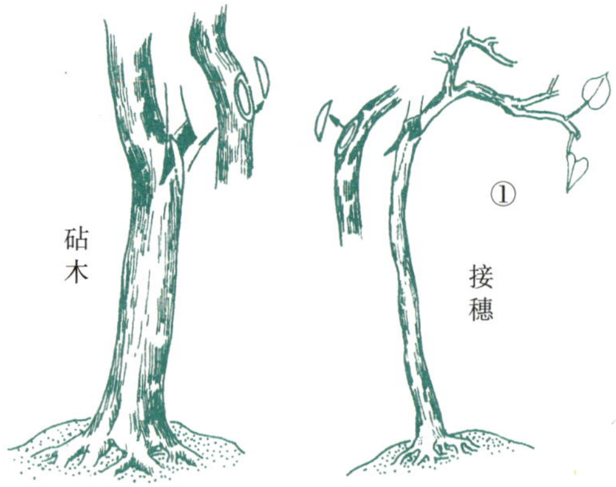

图 67 靠接造型

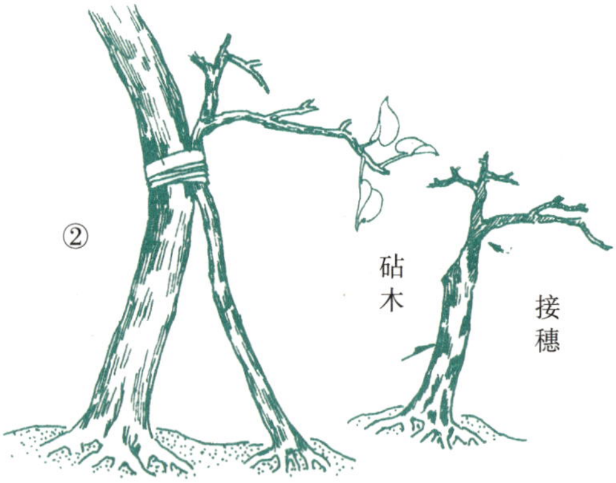

合，绑扎紧，使砧木与接穗合二为一，成活后剪除砧木枝叶，随接穗生长而替代原来树冠。

如一株老桩品种不好，可用带有根系的好品种进行靠接，使之成为好品种。同样，一株品种好的母树，用盆栽差的品种去靠接好品种母株，可繁殖小型盆景优良树材。生长季节分别在砧木和接穗的嫁接处，据干径大小削 2～4 厘米长、深为直径的 1/2～1/4 的切口，将砧木切面与接穗切面的形成层对齐绑扎严实(如图 67 所示)。

将繁殖抗逆性好的盆栽大叶树种，靠接品种好、造型美的母株枝条上。待接口痊愈后，把接穗和母树断开分离，同时剪除砧木接口以上枝条。利用这种嫁接方法，可在一株优良的母株上获得数盆造型好的盆景树材(如图 68 所示)。

将砧木和接穗各削去一块，将两树的切口对准吻合后绑扎严实，接穗苗如带根，可盆栽也可贴近嫁接的砧木地栽。

切口愈合后，剪除嫁接处上方的砧木及下方的接穗苗。

②补枝：当一株盆景其干部缺枝，可利用本体树枝和本体外同属树种，采取靠接方法

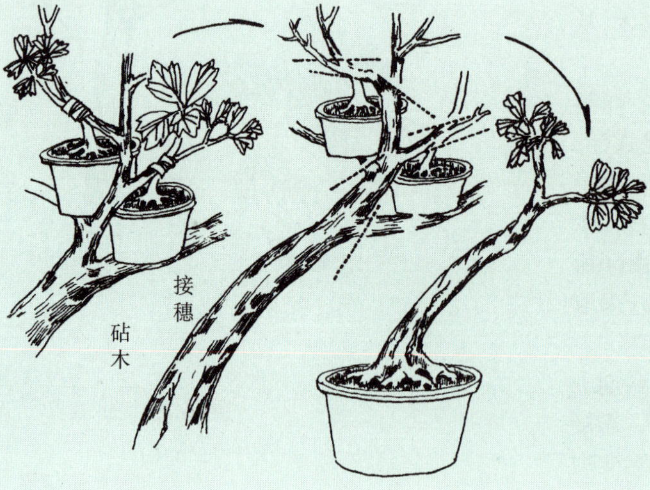

图 68 靠接换冠

补枝。在缺枝部位，横向切割坑槽呈口唇状，深达木质部，其切口的长、深度以和靠接枝切割面能充分吻合为宜。再将选用的“丁”字形靠接枝的“丁”字形接面，削成和砧木切口相合的形状，然后将“丁”字枝靠在上补枝的坑槽内，对准形成层，用带状物扎实(如图 69 所示)。

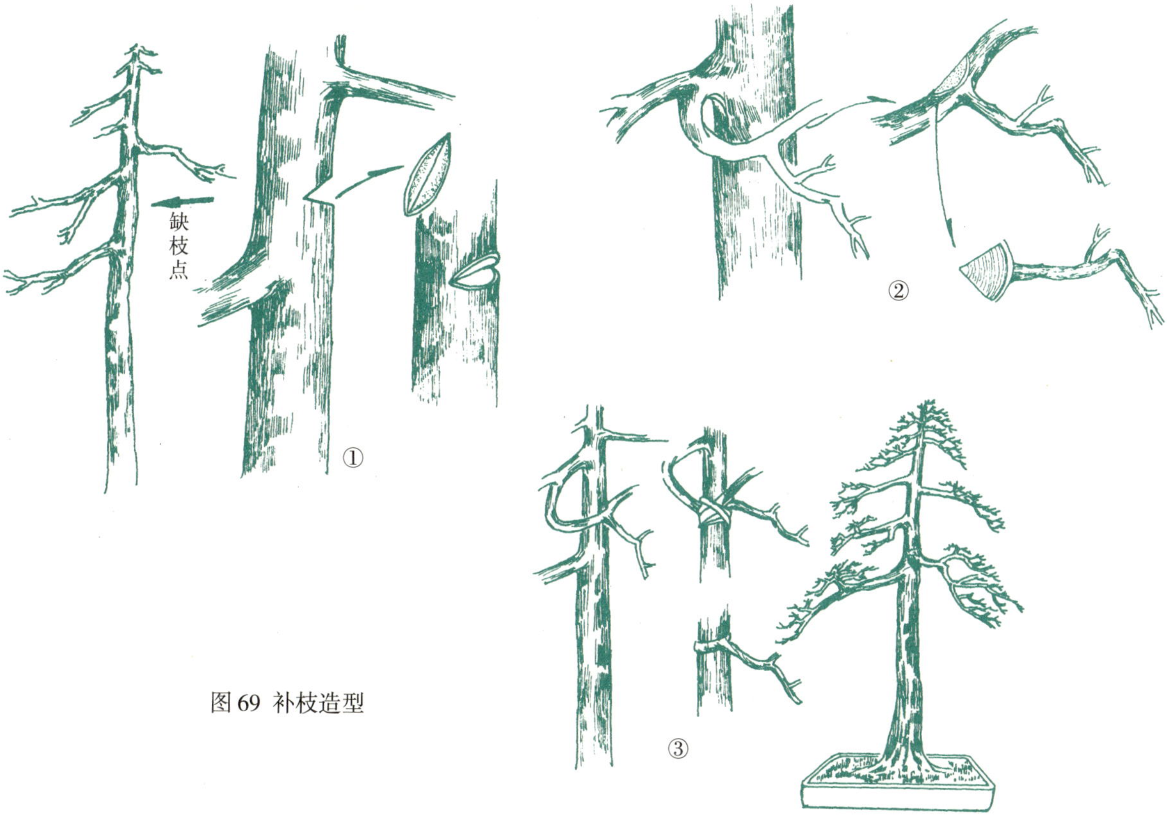

图 69 补枝造型

③补根：在山野挖掘到造型优美的树桩，往往因缺根，显得美中不足。缺根部诱发不了新根，可采取靠接方法补根。在树木生长季节里，选择同种树苗，其根的粗细、大小、方向要基本符合砧木缺根的需求，将其掘起，除保留主根外，其余侧根全部剪除，并剪除部分枝叶。在靠接面尽量保留芽点，待接口愈合后，剪除靠接苗上端时，留养该芽点为枝条，促其伤口愈合。靠接的方法近似补枝法，如山野采掘到的三角枫，造型好，但根盘因缺根不够完美。先将该桩栽植，成活后第二年夏季，在缺根部开一深达木质部的槽。选择一株根大小与砧木所需补根相近的三角枫，掘起后将靠接面削成和砧木根部沟槽相吻合的形状，然后将两者形成层对准，如根部起伏不平，可在靠接部加垫有一定塑性的物体，再进行捆扎，待接面愈合后，剪除靠接的上端枝条，或用铁钉将接穗固定在砧木的补根处(如图 70 所示)。

图 70 补根造型

图 71 取芽

④芽接：芽接是取接穗的芽进行嫁接的方法。在树木盆景造型过程中，芽接可改良树冠，也可作为枝接的补救措施。它的优点是，在砧木的小枝条上嫁接数个接穗芽。待成活后，根据造型的疏密要求，再剪裁取舍。一些皮层较厚的树种改良，都可采取芽接方法。如野生桃桩芽接花桃。野梅桩芽接梅花，野蔷薇老根芽接小花月季等。芽接有丁字形芽接、工字形芽接、嵌芽接、套芽接等多种方法。芽接的时间，最好选在 7～8 月树液流动旺盛，树皮和木质部容易剥离时进行，芽接要避开雨天，宜在早晚进行。芽接前的 4～5天内应对砧木松土、施肥、浇水，促其树液流动，以利剥皮。对换冠的砧木嫁接前需剪除芽接位置的枝叶，以利于操作。要求砧木芽接部位的表皮，光滑平整，接穗芽除品种理想外，还要腋芽饱满，因芽接时气候较干燥、切割处水分极易蒸发，所以取芽、接芽尽可能一气呵成，取一芽接一芽(如图 71 所示)。

丁字形芽接：在砧木需要芽接的位置上切割呈“丁”字形豁口。接穗芽，要保留叶柄，将接穗芽塞入“丁”字形豁口内，芽的上方与砧木切口上方形成层对准(如图72所示)。

多头芽接：野外采掘到造型好的老桩，或莳养多年的成型桩，其品种不够理想。除采用劈接、切接换冠外，也可在有很多枝条的一株树上进行多头芽接换冠，每根枝条可接若干芽点(如图73所示)。

⑤根接：山野挖掘树桩或在翻盆剪栽时，往往能得到比较理想的根型，可采取根接法换冠。在3月翻盆移植时，将形体好的根，放入水里清洗干净，剪除茸根和多余的侧根，根据根的粗细采取劈接或切接方法换冠。采同一树种1～2年生枝条作接穗，保留2～3芽，嫁接成活后，松除绑扎物并逐渐将根露出，便得到一盆新的桩景(如图74所示)。

图72 丁形芽接

图73 多头芽接换冠

①

②

图74 根接造型

(4)雕刻：在树木盆景制作中，往往需要借助雕刻来表现一种虽死犹生的残缺美，即所谓枯干式、枯梢式(又称之舍利干、神枝)。这种残缺美并不是干身空洞，木质腐朽脱落，病入膏肓，而是经雕刻后的干、枝如铮铮铁骨，敲之有声；虽由人做，宛若天成，有种震撼人心的艺术魅力。日本、中国台湾省的盆景艺术家常用真柏、杜松、五针松做成舍利干、神枝，把大自然中树木枯荣并存的景观，浓缩在伸手可触的盆景中，显示了极高的艺术造诣。

图 75 截枝

雕刻树种的木质部应紧密、坚硬、耐腐朽、不宜老化剥落、保存时间长。像木质部较为松软的枸杞、扶芳藤、紫藤等雕刻的意义不大。值得雕刻的首先是柏类如真柏、刺柏、侧柏，其次是松类如黑松、五针松，再就是杂木类的昂木、枸骨、雀梅、三角枫、柞木及观果类的石榴。雕刻的枝干要有一定的年龄。既可利用枯死枝干或需截去的枝干进行雕刻，也可在活着的枝、干上雕刻。杂木类最好用前者，柏类用后者。雕刻时要把握好观赏主面，枯与荣的对比，水路(树木的吸水线)的取舍，形体的刻画，线脉的转折衔接，粗细对比，截面的处理等。

图 76 雕刻

1)雕刻：雕刻前先准备好工具，常用的雕刻工具，有画线笔、电钻、不同型号大小的雕刻刀、榔头、锯、粗细木砂纸、防腐剂等。

先截除多余枝干(如图 75 所示)，然后确定观赏主面。一般观赏主面的确立应符合下列特征，主干宜左右弯曲，而不是前后弯曲，且变化最为明显，裸露较多，顶冠的重心略向大面倾斜，而不是向后倒。

当观赏主面确立后，构思雕刻画面。可用铅笔勾画构思草图。处理好枯荣比例及疏密关系。一般情况下，活体大于枯体，如因原材料限制或个性特色的需要，也可以枯为主。枯面要相对集中，主要在冠下、冠内或冠外，其他处略有点缀作呼应。注意观察活枝的“来龙去脉”，以免雕刻失误。像雀梅类的树种最为明显，断一条水路必然死一片枝，操作时要格外小心(如图 76 所示)。

构思好后就可以雕刻了。若利用枯死枝干雕刻，应尽早进行，因枯死枝干未经防腐处理易朽烂。活的枝干应在盆钵内养3～4年，使根系发达，枝叶繁茂，生长健壮后再进行。雕刻宜在3～4月间进行，盛夏季节操作，不利于树木生长，而秋季操作，切割的伤口难以愈合，对树木过冬亦有影响。大的雕刻动作宜在萌芽前 2～3 月进行。

①根据构思的草图，用色笔将需雕刻的部位描画出来；

②用切割刀将表皮剥掉，将需要雕刻的木质裸露，其水路分切线要平整、光滑、流畅，利于水线的愈合隆起和美观。

③用雕刻工具把大的块面刻挖出来，用笔勾画主要沟槽流动的方向，再进行刻挖。大的形体确立后，再进行局部的粗雕细刻，削除粗加工遗留的人工痕迹。雕刻完毕后，用不同型号的砂纸沿沟槽上下摩擦。摩擦结束后，还需挤压磨光。如雕刻部位较湿，可晾上数月，等表面干燥后再打磨。一个月以后，雕刻的木质部基本干透，再涂刷石硫合剂数次(如图 77、图 78 所示)。

2)枝干造型：在雕刻的同时，还要对枝干进行造型。

造型的原则是：柏类的神枝，忌直线、硬角弯曲，枝形宜扭旋缠

图 77 打磨、防腐

图 78 成型图

图 79 枝干造型

图 80 截口的雕刻

绕、沟槽分明、枝条起伏跌宕，变化多端；松类的神枝，忌扭旋缠绕、软角弯曲、沟槽不明显，宜硬角弯曲、直多弯少、有一定的力度感；杂木类的神枝在前二者之间。根据造型需要先剪除不需要的枝叶，将保留的枝干剥去树皮，刮净木质部以外的皮层，表面干燥后磨光，乘枝条未干有塑性时，用金属丝攀扎成需要的形式(如图 79 所示)。枝条的截面制作要自然，不宜过尖或平整，无人工做作的痕迹。如截面较大，可将其雕刻成不规则的自然痕迹，枝与干的接壤处其皮层分割线也应刻成不规则的自然型(如图 80 所示)。枝的沟槽雕刻线要与主干沟槽雕刻线相呼应，有一气呵成、若即若离的艺术美感。

一些杂木桩，干身粗大显得臃肿或一部分坏死，可进行雕刻改造。如一盆石榴桩盆景，其主干较高或死去，可雕刻改造成枯干式，则另有一番情趣。再如一株大的三角枫，可雕刻改造成枯峰式。具体操作步骤是，在春季的 3～4 月份，将需雕刻部位的皮层剥去并刮尽，留下水路枝条不要修剪，任其生长，促使枝条水路伤口愈合，12 月至翌年 2 月间即可进行雕刻、打磨、防腐处理。

无论什么雕刻形式，其雕刻的坑凹处沟槽不能积水，因为积水最易腐朽，表面要处理得光滑。如发现局部腐朽就及时刮除，抑制朽烂面的扩大，雕刻的沟槽忌横向迂回，宜纵向转折，要符合自然、贴近自然、顺其自然。

雕刻后的裸干没有皮层保护，加上风吹雨淋、日晒，容易朽蚀，易遭菌体侵染。

故其表面要经常及时清除污垢，搞好盆面卫生，加强通风光照，同时做好防腐处理，特别是春季、梅雨季、夏季，湿度大、雨水多。雕刻后裸干易朽蚀，所以雨水前后，用清洁水将雕刻体清刷干净，晾干后，进行消毒处理，再涂刷防腐剂。

(5)其他造型方法：

①撕：用撕的方法除枝造型，可避免留下人工痕迹，使截面呈自然型。当某一枝条上扬角度小，不宜牵拉时可用撕的方法去处理。枝条嫩弱，用撕的方法，伤口更宜愈合。梅花等花枝不便剪除也可用撕的方法，调整枝条增加花量，等开花后再剪除。

也可在撕折的枝干上稍加雕刻，追求折面的自然效果。如枝干较粗，可在需要的部位先用刀砍入木质部，再撕拉。

②劈：对一些形体臃肿的黄杨、梅、三角枫等，可根据需要进行对劈、斜劈造型。如一株瓜子黄杨较粗壮，上下无过渡，其锯口较大，显得笨拙呆板，可用锯刀将其一分为二做成两株，也可用斜劈方法砍去1/3。像生命力强的刺柏，先地栽，在生长季节用棍劈打枝杈，使其裂开，枝条任其生长。3～5年后，加以攀扎造型，效果甚佳(如图81所示)。

图81 劈

③挑：当某一过渡枝较细，可在树木生长旺盛时，用刀插入皮层，沿干纵向轻轻地将皮层挑离木质部，所挑的皮层不能断裂，纵向实施，并保持挑皮点有适当间距，利于其愈合，一个月后，所挑的皮层即愈合隆起。树木具有苍老的美感。皮层厚、生长速度快的树种，如榆、三角枫等用此法效果尤为明显。

④敲：当树木的某一段粗细过渡不理想，或欲使年轻的树木变得疤痕累累、历尽沧桑，可用木棒在需要的位置上间隔的敲打，敲打后的伤口容易促使树木细胞的增生、膨大，使干体变粗并增加了树木的苍老感。敲打的时间宜在树木生长旺盛的初夏进行，有益于伤口的愈合。敲或挑的方法应慎用，除非恰到好处，否则尽量不用。

（四）上　　盆

经过加工造型的树坯，趋于成型，则可上盆配景，以供观赏。首先要选择恰当的盆钵，盆的大小、深浅、质地、色彩，都要依据树景的具体情况而定，在款式上要协调一致。如何选盆芽在盆钵材料一节已经详加说明，这里不再赘述。

1.用土

树木盆景的用土，要根据树种的生物学特性来选择，不同树种对土壤理化性质要求不同。一些南方山地生长的杜鹃、赤楠、山茶等树种，要求酸性土壤；有的树种如榔榆、榉、朴、柽柳等，则要求中性土或钙质土，这说明不同盆景树材要选用不同土壤。一般来讲，盆景用土都需要肥沃疏松、富含腐殖质的营养土。

盆土配用通常有腐叶土、山土、塘泥土、稻田土等，还可根据不同情况配制加肥培养土和普通培养土。普通培养土由田园土、腐叶土各4份，加河沙2份，再拌适量砻糠灰过筛拌匀而成，如再掺入腐熟饼肥1～2份即成加肥培养土。上盆时间宜选择早春树木萌动前。

2.栽植

在选好盆钵和盆土的基础上，即可进行栽植。如用深盆栽种，盆底用碎瓦片填在排水孔上，筒盆还需用较多瓦片及粗砂填于盆底，以利排水。填孔是上盆栽植的关键措施，如不注意，盆孔堵塞，将会造成树木烂根现象。用浅盆栽种，需用金属丝将树根与盆底扎牢，先在盆底放一根铁棒，用金属丝穿过盆孔将铁棒拴住，这样在树木栽种时，根部固定在铁棒上，不致因盆土浅而摇动，影响根系发育。

树木在盆中栽植的位置确定后，即可放入培养土，先将粗粒土放在盆下，再将细土壅在根部捣实。培土时一边放土，一边用竹扦将土与根贴紧，但盆土也不能压得太紧，以免通气透水性不好。填土宜稍浅于盆口，以利于浇水。树木栽种的深浅，也要根据造型的需要，一般根部宜稍露出土面。栽植好后，即可浇水，新栽的盆景，宜用喷壶喷浇，第一次浇水，必须浇透。然后放置于半阴处养护，注意经常浇水，保持盆土湿润。

提根式盆景，一般用盆较浅。树木刚栽时，培土要堆成馒头形，高于盆面，待生长正常后，堆土通过浇水，逐渐冲洗，使根部露出土面。附石式盆景的栽种，比较复杂，一种是将树根栽于山石的洞穴中，用竹扦将土与根贴实；另一种是将根系包在附石的四周，再将树根嵌在石缝中，外面覆盖泥土，然后用青苔包裹并缚扎起来，连石一起栽进选好的盆中(较深泥盆)，待2～3年后，根部生长正常，同石缝嵌紧，即可移栽至浅盆中，成为附石式盆景。

3.配置山石或配件

树木盆景中为了构成一定意境和景观，往往选用适当的山石或配件，布置于盆中。例如在松柏盆景中，放置几块山石，可使盈尺之树有参天之势。悬崖式盆景，根际放上一尖峭峰石，使树木如生长在悬崖绝壁之感。故树木盆景点缀了山石，增添了诗情画意，松石盆景和竹石盆景都是模仿古人画意的艺术手法。

盆景中的配件有亭、台、小桥、舟筏、人物、动物等陶瓷质模型。如榔榆、古朴盆景，树冠如伞盖，树下放置牧童放牛，或老翁下棋，可增添生活气息。配件要注意符合自然情趣，以及远近、大小的比例，色彩的调和。

(五) 养护管理

树木盆景是艺术造型后有生命活动的有机体，它不同于一般盆栽植物的养护管理。首先它要通过各种管理措施来满足盆景正常生长所需要的环境条件；其次是通过修剪、攀扎等技术措施来维护盆景完美的造型。

1.浇水

树木盆景的浇水是养护管理的一项重要工作。常用的浇水方法有浇、淋、喷、灌、浸(将盆体浸入水中，小型盆栽常用此法)。生长在盆钵之中的树木，盆土有限，很易干燥，如不及时补充水分，风吹日晒，就会因缺水而萎蔫死亡。但浇水不当，水分过多，盆土太湿，根部呼吸不良，也易导致烂根死亡。所以盆景浇水一定要适量，根据季节、气候、树种、盆体大小、深浅、质地等因素来确定浇水的多少、次数和时间。掌握“不干不浇，浇则浇透”的原则。

树木盆景要因“时”浇水，在不同生长季节，需水情况不同，一般夏季高温期要早晚各浇一次水，春秋季可每日或隔日浇一次，冬季处于休眠期可数日浇一次，梅雨期或阴雨天可不浇水。此外，盆土的持水量与土质有关，沙质壤土透水性好，可多浇些；黏土透水性差，则少浇些水。

浇水还要因“树”而浇，树种不同，喜旱与耐湿情况不同，阔叶树比针叶树蒸发量大，容易失水，要多浇一些；喜湿树种比耐旱树种要多浇一些。

浇水还要因“盆”而浇，即根据盆的大小、深浅、质地去浇水。浅盆、泥盆、粗砂盆应多浇；釉盆、瓷盆、深盆应少浇一些。小型盆景易失水，最好的办法是将盆置于沙床上，保持沙床一定湿度即可。

树木在浇水过程中，如发现盆树有萎蔫或病变情况，而盆土又偏湿，可判断为水害，应停止浇水，等干后再浇，严重时需及时翻盆，剪去烂根再植于泥盆中，精心养护。

2.施肥

树木盆景在不断生长过程中，要从盆土中吸取养分，而盆土的养分有限，不能维持所需营养，会因缺肥使叶片发黄，枝条细弱，花稀果小，对病虫害抵抗力减弱，观赏价值降低，为此就应注意补充适当的肥料。但一般树木盆景生长缓慢，不宜施肥过多，以免徒长，影响树姿的美观。施肥要注意适时适量，还要掌握施肥的种类和含量。

树木生长主要需要氮、磷、钾三要素。氮肥促进枝叶生长；磷肥促进花芽形成，花繁色艳果实早熟；钾肥促进茎干和根部生长，增加抗性。施肥还要根据树种而有所不同，松柏盆景不宜多施肥，肥多会使针叶变长，造型变样，影响观赏价值。每年冬季施一次基肥，生长期追施一次薄肥即可。花果类盆景如杜鹃、海棠、石榴、紫薇等，在开花结果前后，应适当施肥，除氮肥外，还要施一些磷肥，如骨粉、米泔水、鱼腥水，使花艳果大。雀梅、榔榆、三角枫等杂木类桩景，施肥不宜多，如叶色正常，鲜绿有光泽，则可以不施肥，以保持它树姿的优美。

盆景施肥要注意以下事项：①有机肥或饼肥，不腐熟不施；②浓肥不施，一定要稀释后才能使用；③刚上盆的树木，不宜施肥；④雨季、伏天、盆土过湿时不宜施肥。掌握施肥要领，才不致产生肥害。

3.修剪

树木盆景上盆造型后，为防止其枝叶徒长，紊乱树形，在养护管理过程中，要经常修剪，长枝短剪，密枝疏剪，维持它优美的树形。一般养护修剪有以下几个措施：

(1)剥芽：树木在生长期，其根部及枝干常萌发一些不定芽，特别是萌芽力强的树种，如雀梅、榔榆、六月雪、石榴等，如不及时剥摘萌芽，萌生的枝条长得很零乱，影响树形美观。同时萌芽很多，大量消耗养分，也会影响树木长势。所以，树木盆景的养护管理，及时剥去幼芽十分重要。

(2)摘心：为抑制树木盆景的高生长，促进侧枝发育伸展，可摘去枝梢的嫩头，使树冠保持一定的形态。摘心还可使养分集中于成型的枝叶上，促其腋芽萌发，增加枝叶密度。如真柏、桧柏在5～6月份摘除嫩梢，可使树冠更加圆整。松类盆景通过摘心，除去顶梢壮芽，会在针叶间萌发一些小芽，这些芽长成的嫩枝针叶就比较短小，使树景更为古雅苍老。

(3)修枝：树木盆景在生长过程中，常萌生许多新枝条，为保持其造型美观，应经常注意修枝。要根据树形来确定修枝方式，如云片状造型，扬派盆景的雀梅、六月雪、榆树等，萌发力强，新枝发生后，将枝条修平成片即可。金钱松、鸡爪槭等发枝后仅留一节，其余均剪除，再剪再发，不让它徒长扰乱原来的形态。修枝的内容，一般有碍美观的枯病枝、徒长枝、平行枝、交叉枝等均应剪去。

修枝的注意事项：①松柏类萌发力弱，应当少剪；②梅雨季节树木发枝旺盛，要勤于修剪；③生长期较粗枝条暂不修剪，冬季休眠期再剪；④修枝要注意剪口芽的方向，一般保留外侧的芽，使其向水平方向生长。

4.翻盆

树木盆景在不断生长过程中，其根系往往密布盆底，影响通透性和排水，也不利于养分的吸收，有碍树木正常生长，这时就应进行翻盆换土。翻盆可以用原盆或换大一号的盆，根据树种及树木大小来决定。翻盆时，将树木自盆中连土脱出，除去土球周围1/3～1/2宿土，松柏类除去1/5～1/3宿土，同时结合修剪除去一部分老根及腐根，剪口须平滑，不可撕裂根部。然后重新栽入盆中，盆底及盆周填进培养土，并以木棒或竹扦捣实。盆面上应离盆口3厘米左右，作为“水口”，以利浇水。翻盆后的管理与上盆栽植相仿。

翻盆的时间，一般宜在秋后或早春这段时间。有些常绿阔叶树盆景，如黄杨、桂花、枸骨、小叶女贞等，也可在梅雨季节翻盆。间隔的时间，生长迅速的树种，如雀梅、榆树，每隔1～2年翻盆一次；生长缓慢的树种，如松柏类，可每隔3～5年翻盆一次。也可根据盆景大小来决定翻盆间隔时间，一般小盆景隔1～2年，中盆景隔2～3年，大盆景隔3～5年翻盆一次。如系老桩盆景，可以再多隔几年。

5.病虫害防治

树木盆景特别是桩景易遭病、虫危害，轻则影响生长，重则导致死亡。多年培养的盆景，一旦毁于病虫，甚为可惜。所以对病虫的防治工作是养护管理不可忽视的任务。树木盆景常见的病害有以下几种：

(1)根的病害：老桩盆景根部老化，易引起各种细菌寄生，使根部腐烂或产生根瘤病，花果桩景根部病害发生最多。应注意盆土消毒和控制浇水量。

(2)枝干病害：常见的有茎腐病和溃疡病，在枝干的表面出现腐烂，干心腐朽，树脂流溢，表皮裂隙，枝条上发生斑点等症状。应及时用药物防治，喷洒波尔多液或涂以石硫合剂。波尔多液用硫酸铜、生石灰及水配制而成，其比例为1∶1∶(100～200)，呈天蓝色，宜随用随配，否则放置过久会发生沉淀失效。石硫合剂是用石灰1千克、硫磺粉2千克加水10千克熬制成原液，其使用浓度依气候情况而定，初春为波美1度，夏季为波美0.2～0.5度，冬季为波美5度。如病害严重蔓延，需喷洒多菌灵、代森锌、托布津等杀菌剂。

(3)叶部病害：常见的有叶斑病、白粉病、黄化病等，叶面发生黄棕色或黑色斑点，叶片蜷缩、枯萎、早期落叶等症状。防治方法：叶斑病可摘去病叶，或喷洒波尔多液；黄化病可用硫酸亚铁0.1%～0.2%溶液喷洒叶面；白粉病可用波美0.3～0.5度石硫合剂喷洒。

树木盆景的主要虫害有以下几种：

(1)食叶性害虫有刺蛾(又称洋辣子)、避债蛾，这两种害虫形体大，易发现，可用人工捕捉防治之。也可用敌敌畏1 000倍液或敌百虫800倍液喷杀之。

(2)刺吸性害虫有介壳虫、红蜘蛛、蚜虫等，防治介壳虫危害，可用40%乐果乳油1 000～1 500倍液或80%敌敌畏1 000～1 500倍液喷杀之；防治红蜘蛛可用40%乐果乳剂1 500～2 000倍液或50%亚铵硫磷可湿性粉剂1000倍液喷杀，煮辣椒水喷杀亦可；防治蚜虫可用40%乐果2 000～3 000倍液喷杀，每周一次；或用2.5%鱼藤精800～1 000倍液喷杀之。

(3)蛀干性害虫主要是天牛。防治方法人工捕捉成虫；用小铁丝钩伸入蛀孔中捕捉幼虫；对于深入木质部的幼虫，可用棉球蘸80%敌敌畏乳油与汽油(1∶1)混合液塞入蛀孔中，或用注射器向蛀孔中注入，并封住蛀孔。

6.其他管理工作

(1)遮阳：树木盆景根据树种对光照要求不同，大致可分为阳性树与阴性树，阳性树如黑松、五针松、桧柏、榆树、紫薇、石榴等，可放在阳光充分的地方。阴性树如罗汉松、银杏、冬青、山茶、南天竹、六月雪等，应放在遮阳的地方。一般在酷热的炎夏，树木盆景都应搭棚遮阳。

(2)防寒：树木的喜温性和耐寒性不同，其管理措施要注意入冬防寒问题。一般耐寒性强的乡土树种，冬季可放在室外越冬，为防止盆土冻裂，可连盆埋在向阳地下，盆面露出地上。一些不耐寒的树种，如福建茶、九里香、金橘、佛肚竹等，冬季必须移至室内或温室中越冬。

七、树木盆景制作实例

树木盆景的制作包括选材、蓄养、修剪、攀扎造型、上盆及养护管理等几个步骤。不同的树材及盆景形式，其制作过程是有差别的，有简有繁，有的长达八九年才能成型，有的两三年即可。在制作中，任何一道步骤都要根据树材的生长势及生命力掌握好操作的程度，加强养护管理，以确保植株成活。本部分将每件作品的步骤，以分解图的形式逐一介绍，以便读者能更快地掌握，并运用到实践中去。

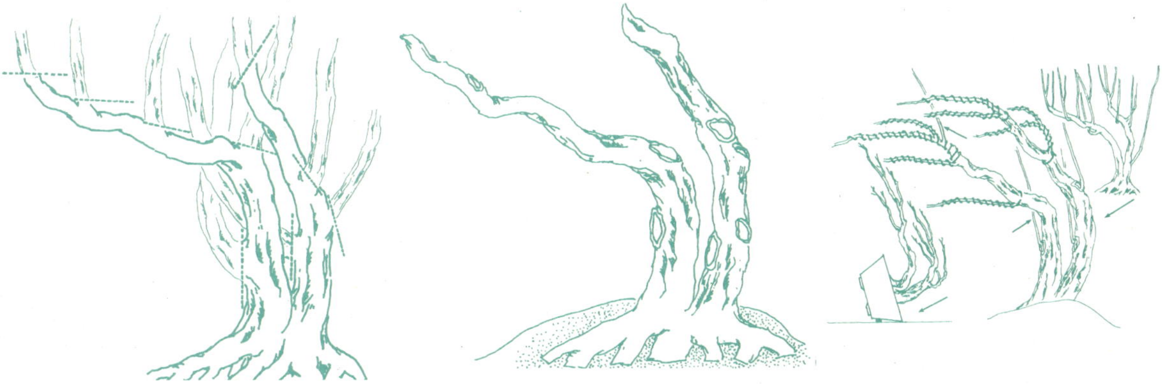

(一)直　干　式

在峨眉山顶部，到处可见一株株树木拔地而起，直插云端，或高耸、或粗壮、或清瘦、或飘逸，都给人一种美感。将这种自然景观借鉴到盆景造型中，就形成了直干式盆景的风格特征。

直干式盆景的制作，要把握好树干的高度及弯曲度，主干宜直不宜弯，或以直为主略有弯曲，主干鲜明，下粗上细，过渡自然匀称。由下往上的第一个枝托不宜过低，使主干底部袒露。一般情况下，下面枝粗，长一些，并呈下俯式。根盘最好呈放射状，以衬托树木的高耸、稳健。树木造型或高耸挺拔、或粗壮雄伟、或清秀飘逸。

1.三角枫直干式盆景的制作

野外挖掘的三角枫树材，能塑造多种形式的盆景，但制作成直干式盆景更为适合。

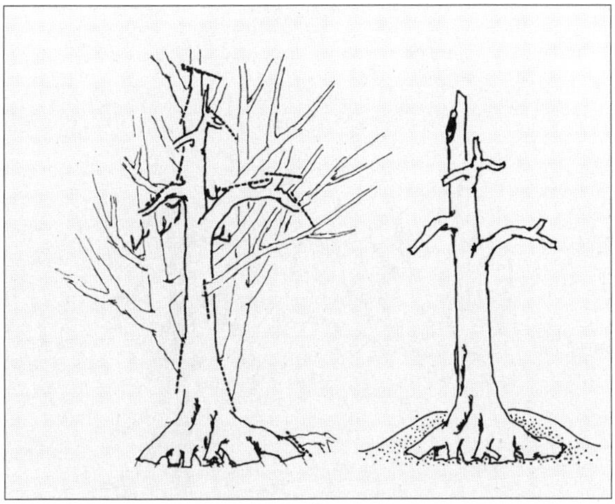

①根据造型需要，截除不必要的枝干，同时对根进行适当缩剪，如根稀少，根可留长一些，第二年成活后再缩截。并修饰锯口，使其自然好看，然后栽植。

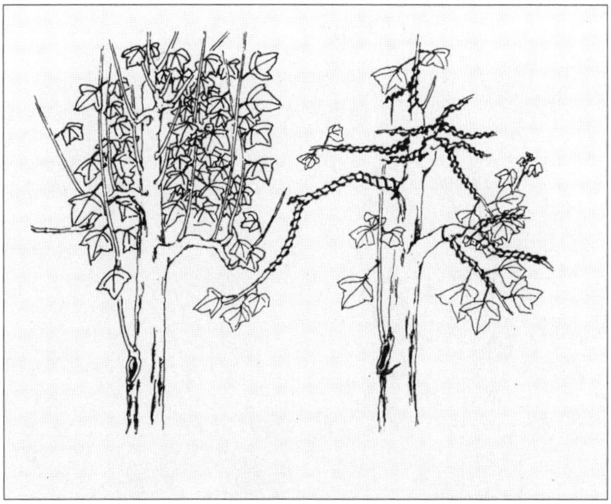

②3～4月份树坯萌发新枝，可暂不剪除，以壮根系，待长势旺盛，再对枝条进行修剪，用金属丝攀扎弯曲，保留其枝梢。稍大的截口留一枝任其生长，加速锯口愈合。攀扎2～4个月，枝条基本定型，即可拆除金属丝，以防陷入木质部，不加修剪任其生长。

③2～4年内，顶枝任其生长，当其干粗细适合时，在生长季节将顶端枝截除，下部枝条应及时攀扎成需要的形式，并结合放养攀扎枝条。每年缩剪2～3次，这样经过数次可基本定型。定型后，在上盆前一年的2～3月份掘起，放置盆口比试，将影响上盆的长根截短到刚触盆面为止，再植入地里生长，一年后，断根处又萌生新根后上盆，这样做比较容易成活。

④成品图。

2.榆树直干式盆景的制作

人工繁殖苗，比较适合制作中小型直干式盆景。大型树景尽量用野外挖掘的树材去改造。幼苗培养盆景尽可能地栽，以利于幼苗生长壮大，盆栽也可，但生长速度要慢得多。

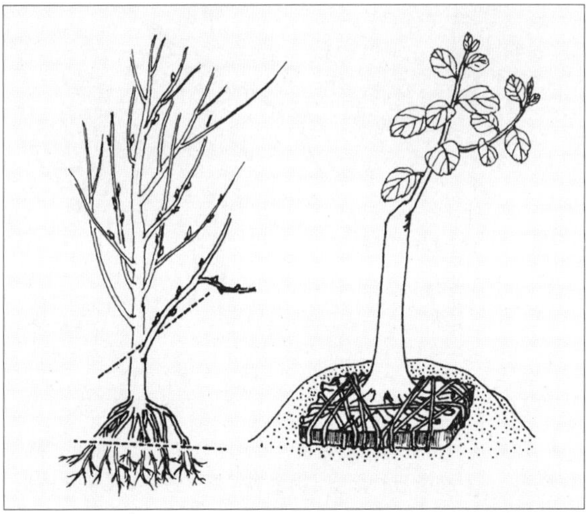

①选择3～4年生的健壮的小叶榆树苗，2～3月份掘起，洗尽泥土，剪除长根并用金属丝稍加攀扎，使其呈放射状展开，同时剪除主干、茸根、定根，竖一侧枝代干，栽植时用一扁平物垫在根的下部，抑制根向下生长，迫使根系水平生长。

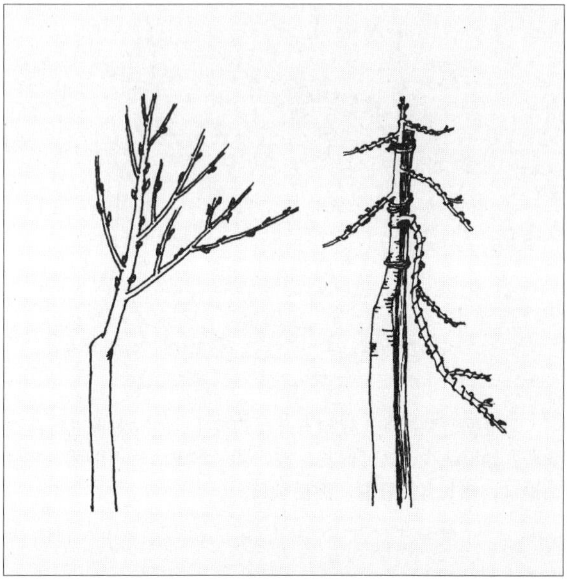

②翌年春，榆树刚刚萌芽时，将根部堆土铲除，使根基裸露，拆除根部的攀扎物，再用土覆盖，同时对干部的侧枝进行定位修剪，用直棍固定好主干，用铜丝攀扎成需要的形体，及时抹除主干部萌生的新芽，促使侧枝上的新条生长。梅雨后拆除枝干攀扎物，同时对侧枝上新发枝条进行攀扎。两个月后再拆除，并任其生长，落叶后再进行一次重修剪。第三年，可移植泥盆里养护。主干、侧枝基本定位后修剪，春季、梅雨季、初秋对长枝进行缩剪，并加强肥水管理。第四年早春上盆观赏。

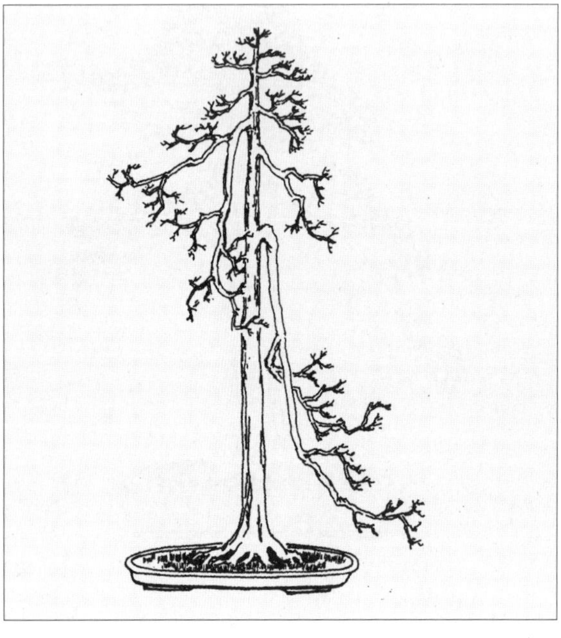

③成品图。

(二) 曲干式

在传统的树木盆景造型中，常常将干枝进行弯曲，以缩小矮化树冠，追求一种曲折的美，这就是曲干式盆景。如扬派的“一寸三弯”、川派的“三弯九倒拐”、徽派的“游龙”、通派的“二弯半”等。曲干式盆景贵在自幼弯曲培养、技艺精湛、层次分明、装饰性强，但人工做作痕迹明显，不太自然，是它的不足之处。制作中注意弯曲的角度、大小、方向要有变化，不过多地重复弯曲，忌前后弯曲，宜左右弯曲。松柏类应以攀扎为主，修剪为辅。杂木类，其粗干枝以攀扎牵拉为主，侧枝以修剪为主。

1.胡颓子曲干式盆景的制作

一般树木2～3月份采挖移植，而胡颓子此时正果满枝头，生长旺盛，所以胡颓子在长江流域宜11月至翌年1月份挖掘。胡颓子品种有大叶、小叶之分，小叶制作盆景较为理想。胡颓子须根少，树坯修锯时应尽量多保留一些根，超长根可在第二年翻盆时再缩剪。冬季栽植遇寒流时，干的截面容易裂开，故盆植应存放在花房或避风向阳处。地植可用塑料薄膜将树坯罩起来，并在顶部剪一小孔透气，大批量可搭塑料棚，栽植成活后，根的基部最易萌发枝条消耗营养，要及时抹芽或剪除。移植观赏盆内后，注意浇水，勤施淡肥，(即用水沤泡饼肥至发酵，将沉淀的肥液掺入20倍的水)，加强光照和通风，这样才能硕果累累。

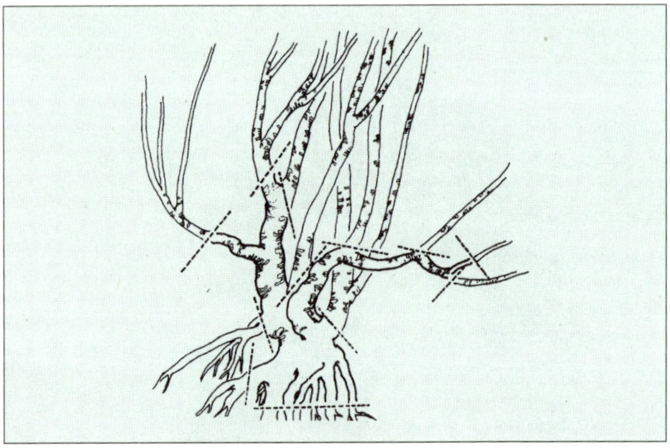

①选一株多干胡颓子树坯，按曲干式盆景的要求确定主干，将所有多余的枝干全部锯除，并剪除分散在干基上部的根，同时缩剪下部根系。

②用稍大的泥盆、木箱栽植或地栽。要求土壤透水性好，较贫瘠，太肥的土壤不宜使用。如根盘较大可在盆口用硬质塑料圈套填土。

③当新的枝条长到30～50厘米长时，进行定位修剪，如长势弱可放条状根，第三年再修剪。

④枝条长成半木质化时，用金属丝或棕丝进行攀扎，完毕后其攀扎枝条不宜修剪，任其生长，基部留一枝放养，以增加留条粗度。

所扎枝条长至粗细程度理想后，即可在需要的高度剪除枝梢，蓄养再扎侧枝，再修剪，往复多次基本成型。基本成型后，在早春对树冠进行一次修剪，摘除50%的叶片后，用营养土栽入观赏盆内。

⑤成品图

2.罗汉松曲干式盆景的制作

在盆景制作中，常用生长速度较快的大叶罗汉松嫁接小叶罗汉松，或杆插繁殖中、小叶罗汉松来制盆景。罗汉松有大叶、中叶、小叶之分，叶越小制作盆景效果越好。但雀舌罗汉松生长特别缓慢 ，不宜制作大型盆景，而制作小型树木盆景十分理想。

① 2～4月份选择植株丰满矮小，枝叶茂盛、5～8年生小叶罗汉松，带泥球掘起，抹掉主干及侧枝基部的叶、芽，并疏剪过密的弱枝。

②选择好观赏正面，将植株斜植盆内浇透水，要求培养土渗水性强、透气性好。成活后第二年，早春进行攀扎，先剪除攀扎枝基部枝叶，抹除攀扎处的芽、叶。用手捏紧主干，轻轻弯几次以疏松木质部，用棕绳扎成一弯半，先扎第一弯再扎第二弯。主干的位置以垂直根部为好，然后用金属丝攀扎分枝，所扎之处均摘除叶、芽。侧枝弯曲要有力度，并稍呈下垂状，忌弧弯，以增加和主干的刚柔对比，2～3年后，主干基本定型即拆除棕绳。

③当分枝上的小枝形成后，再用金属丝攀扎成水平状，加速树冠的形成。在养护中及时抹除主干分枝基部萌发的叶芽，并注意摘心，控制徒长枝，增加树冠的密度。因小叶罗汉松生长十分缓慢，要待数年后方能基本成型。

④成品图。

（三）斜干式

主根平卧，主干向一侧倾斜，树冠重心偏离根部但呈回首状的盆景造型，称之为斜干式盆景。常见的斜干式盆景树材有榆、朴、松、三角枫、雀梅、柽柳、福建茶、九里香、石榴。制作中注意其观赏面宜左右倾斜，忌前后倾斜。但栽于圆形盆因可移动盆钵来调整观赏主面，故怎么斜也无妨。

斜干树冠的重心要偏离根的基部以增加动势，当树干向右倾斜时，右侧要有明显的露根，其体量、长度应大于左侧根，以增加视觉的稳重感。冠的顶枝一般呈上升状，干的下部枝比上部枝尽量粗长一些。整个植株如稍高一些，更能体现奇中求稳的艺术效果。枝的修剪注意多保留上部枝，多剪弯内和树干的下部枝，并注意栽的角度及位置。也可考虑用摆件来布置“画面”。较高的斜干式盆景其盆面以大一些、浅一些、色彩深沉一些为好。刚上盆时，由于重心不稳容易摇晃，可用小棍棒固定在盆底，用金属丝将其根缠绕在小棍棒上，以稳定植株。

1. 三角枫斜干式盆景的制作

三角枫，喜光喜肥耐贫瘠，在造型中蓄干速度快，截口愈合能力强，易攀扎、修剪。因其叶对生容易产生“Y”形枝，可通过抹芽、缩剪的方法避免。三角枫生长快，再生能力强，攀扎物易陷入，要注意及时拆除攀扎物；锯除干上枝杈时应贴近干身，使截面平整光滑，以防愈合伤口隆起过高有碍观赏。

①三角枫在刚刚萌芽时，栽植成活率最高。宜在斜坡处选挖三角枫树坯，斜坡地生长的植株其根与干夹角小，宜作斜干式盆景。先确立观赏主面；再确定需要的根、干、枝，然后将多余的部分截除，当根部须根少，可暂留一些粗长根，待成活后逐年短截。

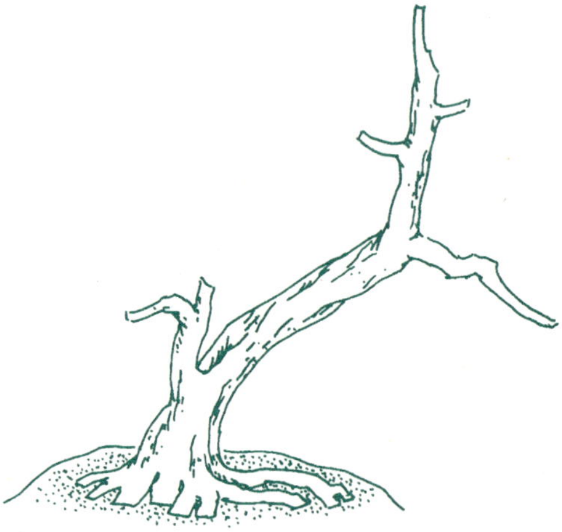

②树坯修好后地栽，地栽成活后，如生长正常，初夏新枝长到50～100厘米时，便可疏剪，留下二干顶端枝，保留的顶端枝方向应避开原干的延伸线，使新干有弯曲变化。

③其他枝若全部剪除会影响生长，所以在大的锯口处各留一枝，供其生长需要，且利于锯口愈合。几年后根据锯口愈合的情况和树木长势适时剪除。

④修剪完毕后用金属丝攀扎，攀扎枝的枝梢不剪，任其生长，锯口枝不需攀扎。新生枝树皮较嫩，扎时需小心谨慎，一次成功。数月后当金属丝陷入木质1/3时即可拆除。数年后蓄养的顶端枝接近原干粗时，在适当高度截除上部枝，蓄养攀扎第二节干枝及分枝，并逐渐露根，分枝长至半木质化时即可攀扎，粗细适宜即剪除梢端，蓄养侧枝。侧枝形成后再扎主干枝梢、分枝、侧枝，基本定位后，利用缩剪、摘心的方法控制冠形，增加枝冠密度。

⑤树桩基本成型后，早春将整株掘起，选盆试放，剪除不适合的根，同时对枝冠进行一次认真修剪，修完后重新栽植。第二年春即可正式上盆。

2.瓜子黄杨斜干式盆景的制作

瓜子黄杨，叶小而厚，常绿，是制作盆景的理想树材。可选用有一定造型的老枝扦插苗，制作盆景。

①选择3～4年生，冠部丰满的老枝扦插苗，春季带泥球掘起。抹除主干枝上的叶芽，疏剪过密枝，缩剪保留枝，用金属丝将根部收拢。

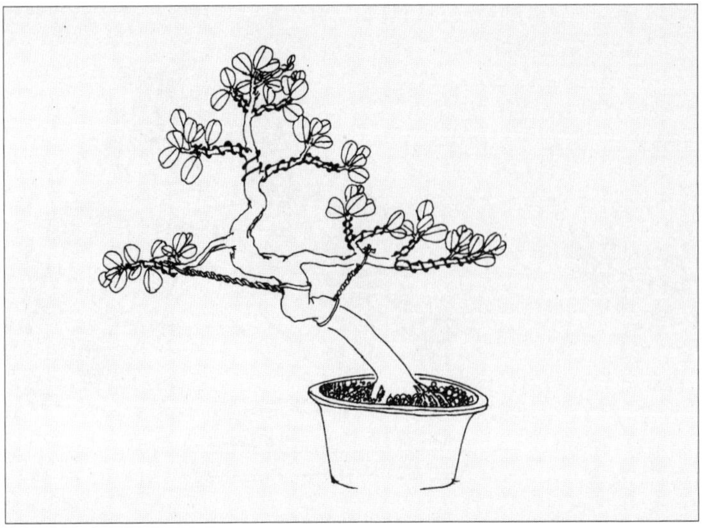

②然后斜植在稍大的泥盆中养护半年或一年，用棕绳攀扎粗老枝条，用金属丝攀扎弯曲细枝条，并加强日常管理，勤施氮肥，逐渐露根。5月、10月若长出新的枝叶，要及时抹芽摘心，增加枝冠的密度。

③几年后，枝冠基本丰满即拆除攀扎物。在春季移植到观赏盆内，栽时根部向上提一点，浇水渐露根基。

（四）卧干式

树干卧倒，枝头昂然回首的盆景造型，称之为卧干式盆景。它给人以不屈不挠、跌倒了爬起来的精神感悟。朴、榆、福建茶、栀子、梅、石榴等树材都适合卧干式盆景的制作。

卧干式盆景的制作关键要把握好“卧”意，其主干与盆钵基本呈平行状，枝条方向和主干卧向基本相同，枝的顶端向上昂扬。如主干向右卧，左侧根略高呈下垂状，右侧稍长呈斜卧状。

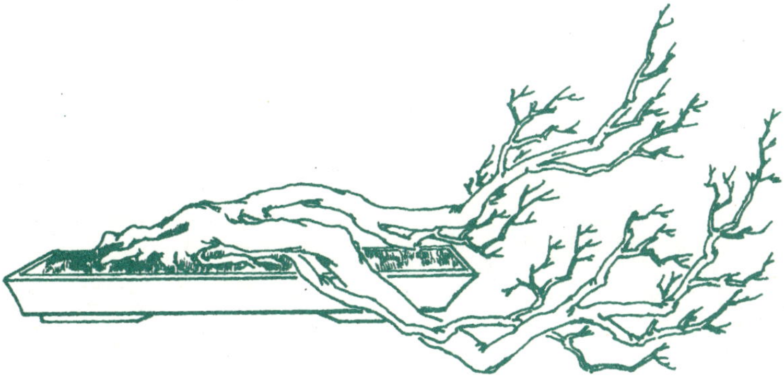

1．朴树卧干式盆景的制作

朴树秋发的枝条容易受冻害，导致“回条”，呈现一种独特的称之为“观寒枝”的景观。朴树以剪为主，中秋以后不修剪，以免秋发的新条遭冻害。重剪最好在早春萌芽前进行。朴树易受蛀虫危害，使枝条折断，需注意盆钵卫生及虫害防治。朴树造型应以剪为主，攀扎为辅。入夏后的朴树叶大，无光泽，观赏效果差，但新叶呈黄绿色煞是好看，所以需要时每年可摘叶2～3次。

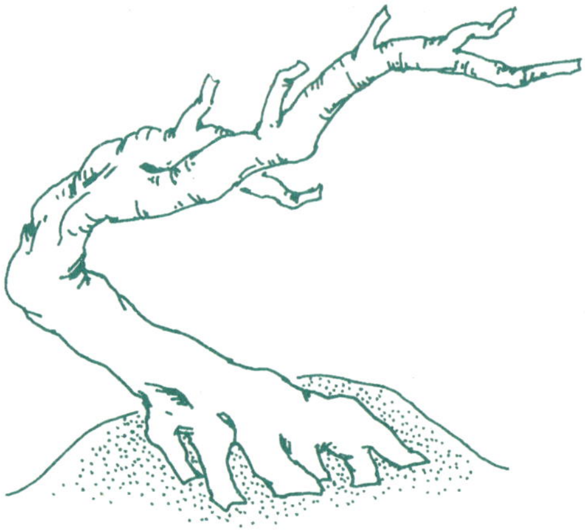

①一些在斜坡地挖掘的朴树树坯往往是制作卧干式盆景的理想树材。先按卧式要求截除不需要的枝干和根，然后卧式栽植。

②如生长旺盛，即可在中秋前施行定位修剪，为不影响其生长，可暂留几条枝不剪，待抽出新梢后再剪除。枝条作向右倾斜状，以求整体的和谐统一。

③经过数年反复缩剪，基本成型便可移植观赏盆内，其盆钵最好是浅长型。如用盆过深或过高，难以体现卧干效果。

④成品图。

2．雀梅卧干式盆景的制作

雀梅老枝、嫩枝均可扦插繁殖盆景苗。如在山野选择具有卧干型体的老枝扦插制作卧干式盆景会事半功倍。

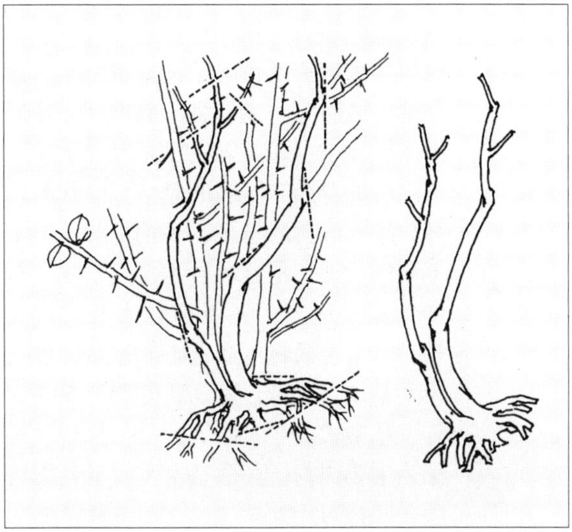

①2～3月份选择扦插成活的3年生苗，掘起后根据需要留1～3条主干枝，其余剪除，根适当剪短。

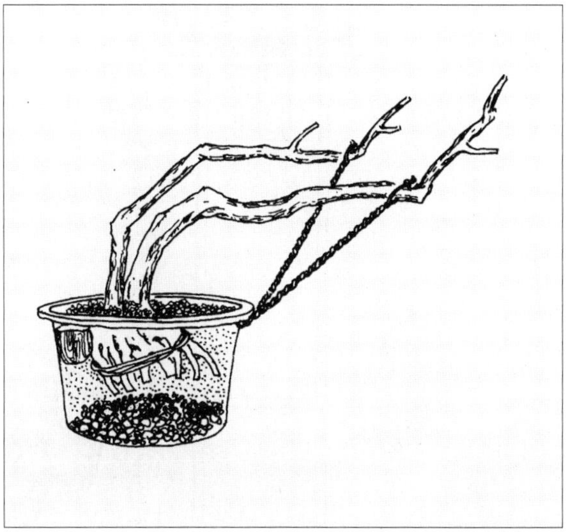

②修整完毕后，将松散的根用易烂的绳、带捆扎，收拢，再用大的泥盆栽植，用丝、绳将两干距离接近并呈卧状，同时在盆沿下圈一金属丝，将树干向下拉至适合的位置，再浇透水。

③梅雨后将根基部萌发的新枝全部剪除，并疏剪干上弱枝、反向枝，缩剪强枝。并用丝绳攀扎调整个别不到位的枝条。在以后的几年内，以剪为主并利用留芽方向，使枝条向右或向上伸长。

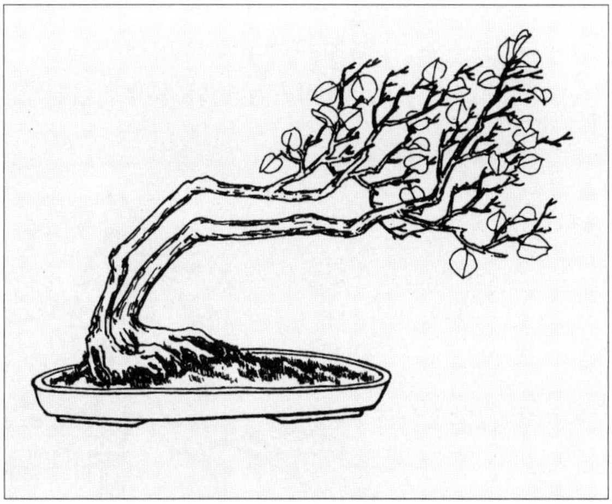

④成型后，选择长方形浅盆，栽植时根部在盆钵左侧1／4处稍偏后，以充分体现卧干盆景的特点。

（五）悬崖式

在高山峻岭、悬崖峭壁处生存的松或其他杂木，虽根已失去支撑作用，但树干枝叶却大，树体在自重、雪压、风吹等多种因素的影响下渐呈下垂状，或倒挂、或斜垂、或斜卧、或垂旋，任凭雪压、雨打、风吹，咬定岩石不放松，有着险奇的身姿、刚毅的品格、顽强的精神，给人以勇敢抗争、不怕危险、坚定不移的启迪。把这种树木自然景观，借鉴到盆景造型中，就称之为悬崖式盆景。习惯上又将枝冠重心低过盆底称之为大悬崖，仅低过盆面称之为小悬崖。

悬崖式盆景常以五针松、黑松、圆柏为主要树材，其他杂木类树材若形体适合同样可用。

悬崖式树木盆景的制作，关键要把握“悬”念。根要露出盆面，根形似爪，并有力度，如根低于盆面或过于松散，则不利于力度的表现，有摇晃不稳之感。悬崖式树木盆景的下垂枝特别难长，正式上盆前的栽植蓄养阶段，要特别加强对下垂枝和根的培养。上盆数年后，下垂枝长势缓慢与其他枝相比显得瘦弱，此时可在生长旺季改变盆钵置放的角度，将下垂枝朝上。

1．黄山松悬崖式盆景的制作

黄山松秋末春初均可栽植。一般栽植前的修枝，只可缩剪。缩剪后的枝条必须保留若干针叶，因为黄山松的枝干极难萌发新的叶芽。植株小的一般可剪除1/2的针叶，植株大的可依根系的好坏多少，剪除针叶的1/2～4/5不等。在未成活前不作攀扎，等成活后的第二年或第三年再进行攀扎，栽植的土壤用3份腐叶土掺1份沙，如用原处针叶腐土更好。无论盆栽或地栽均需排水性良好的土壤。栽植时忌用棍棒捣，黄山松根裸露极易受损腐烂，所以栽植时用手直接填土操作利于成活。选用大的泥盆，栽后第一遍水要浇透，湿度见水为宜，以后加强叶面雾状喷水，每天2～4次。盛夏搭一荫棚，将盆钵下垫潮湿的草包放在荫棚下，给树桩创造潮湿度大的清凉小气候，促其成活。当顶芽放叶时要适当控制水分，连续下雨时，盆面要遮盖或将盆钵侧放。2～3年内不必施肥，如果是制作大悬崖，不宜选过高的签筒盆，小悬崖则相反。另外在造型中也可增加舍利干或神枝的技法以增加悬崖式盆景的神韵。

①将枝冠剪除1/2或2/3，同时剪除断根、伤根、裂根及多余的枝杈，修剪完毕后，视根的长短选用长方形木箱或盆钵栽植，其底部要留有排水孔。栽植时底层可垫2～3厘米厚的砖，瓦块呈大颗粒状，其上垫1厘米厚的粗沙，再填入准备好的栽植土（山野采挖的腐叶土，晾晒数日，干后拣除石块、枝叶），将植株根系全部置入呈卧状，且使下垂枝朝上，栽植完毕后，在表面置放一层粗粒卵石，以固定盆面土壤，防止土壤流失板结，增强透气功能。

②成活后的第二年或第三年，视其长势进行适当攀扎，基本成型后移栽观赏盆内。根部应悬出盆面，上盆时用片状物体圈围露出的根系，树干和盆壁应保持适当距离，相贴过近可用木片间隔。若用签筒盆栽植，其底部多垫一些碎瓦片或碎砖块（大颗粒状），以增加排水透气功能。栽植成活后再逐渐拆除圈围物，露出悬根。

2. 五针松悬崖式盆景的制作

目前国内主要用黑松苗嫁接五针松来繁殖五针松盆景苗。五针松性状与黄山松近似，不同的是较黄山松的叶更短，萌发力强，耐攀扎，但老气横秋之态，及粗犷野性却无法和黄山松相比。栽植、养护、造型方法也和黄山松相似。不同的是，人工繁殖苗需要更多的人工攀扎，及长时间的蓄养。

① 2～3月份选择主干过渡适宜、枝节短、主干稍长的3～5年生五针松健壮苗，带土球掘起。视其干部的弯曲选择观赏主面，向左或向右弯曲悬垂。因其干基部略向右弯曲，故可将主干向右作弯曲悬垂，然后剪除干左侧大部分枝条，保留右侧枝。每一节轮生枝可保留1～2条枝，除去大部分泥土，用易烂布带将松散的根适当收拢。

②修剪完毕后，将植株向右卧状栽植在长方形容器内，根左侧用破瓦盆贴围，迫使根向右侧生长，栽植成活后的冬末春初，用棕丝将主干向右牵拉，也可用麻皮或棕皮将主干缠起来，用8号铁丝绑扎主干，如主干较粗，可用刀在弯曲部前后纵向切一裂口，与弯曲部弧长相等，用麻皮缠紧扎实后再做弯曲。侧枝用金属丝稍加攀扎，并加强下垂枝的蓄养。

③将树桩植于高筒泥盆内继续蓄养。原来的树干呈卧式，悬下后枝叶向左斜倾，不自然，所以上盆后将大面向阳，1～2年后针叶自然向上。若下垂度不够，可用物体分别悬吊主干、分枝或用丝绳牵拉。基本成型后可移植观赏盆内。

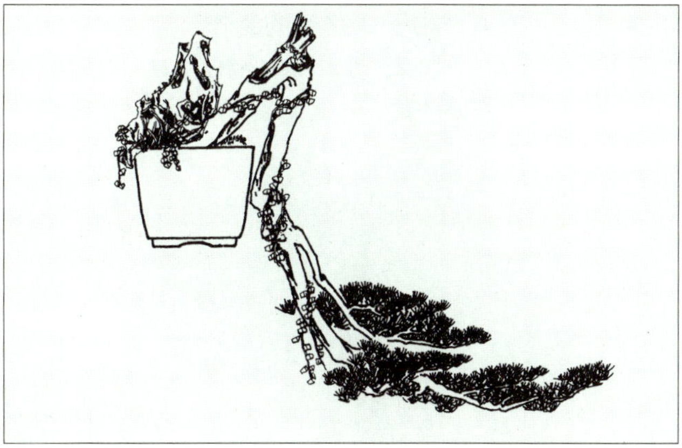

（六）枯干式

自然界里一些古树，经漫长岁月的风吹雨淋、虫蛀或外伤，自然衰老，有的呈薄片状，有的呈中空状，有的大部分表皮坏死仅存一丝水路，但仍见枝叶繁茂一派生机，充分展示了树木的顽强生命力，表现了一息尚存、虽死犹生的精神。在树木盆景的制作中，多以山野挖掘的松、柏类及杂木类的昂木、雀梅、柞木、野梅来制作枯干式盆景。可借助自然朽烂"就汤下面"进行制作，也可采用人工雕刻的方法。注意加强水路的培养，枯干部不朽、不烂，坚硬如铁。当发现部分朽烂即用利刀刮除，再用钢丝刷反复拉擦后涂防腐剂。木质松软的树木枯干部容易朽烂，保存时间短，不宜选作枯干式盆景树材。

桎干式盆景的制作

继木，继木质部细密坚硬，枯烂部不易朽腐。喜清凉潮润的气候，能攀扎修剪，但长期干燥，叶色欠佳。

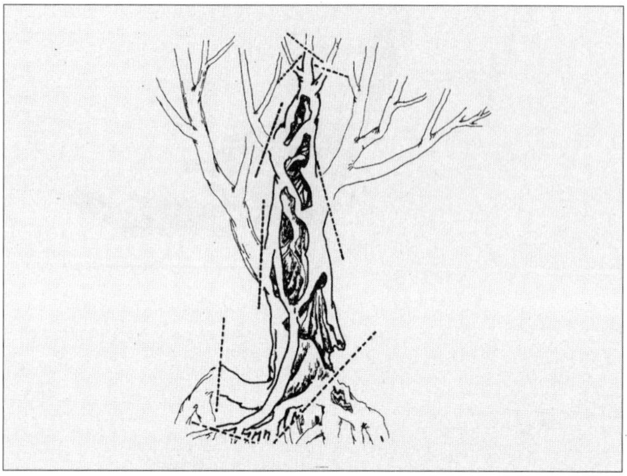

①2～3月份，选野外枯烂昂木树林，先锯剪多余的枝、根，再刮除朽烂的木质部。

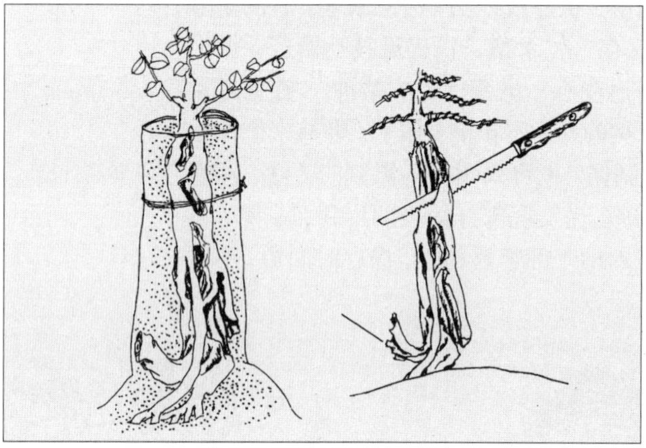

②栽植时，枯烂部水路容易干裂退缩，可用围套方法，等顶部生长正常时，再拆除围套物，两年内不扎不剪放条生长，蓄养水路。水路蓄养健壮后，明显隆起，在确保水路前提下，对其他枯烂部位进行锯、雕、挖、刻，同时对上部枝条进行修剪、攀扎，养护数年后便可上盆观赏。

③成品图。

（七）风 吹 式

当一阵轻风飘过时，树梢好像听话的孩子顺从地歪向一侧；当一阵大风吹过时，树枝好似温驯的绵羊，清一色地倾向一侧；当一阵狂风卷过时，整个树身犹如负重的纤夫向一侧倒伏。把这种自然界中瞬间的树木景观，借鉴于盆景造型中，就称之为风吹式盆景。它有着强烈的动态美，自然和谐，无声胜有声，艺术性强。叶小的榆、朴、三角枫、雀梅、柽柳、白蜡、六月雪等树木适宜制作风吹式盆景。 制作中注意枝条处理应向一个方向倾斜。用金属丝、棕绳牵拉攀扎，将枝条往同一方向弯曲。利用修剪、抹芽方法，控制其他方向的枝条生长。逆向生长的枝条或芽应及时剪除。栽植形式可独栽，表现一种孤独凄凉的美；也可大小不同树桩合栽。下面以野外挖掘的榆和人工繁殖的枷椤木为例。

1．榆树风吹式盆景的制作

材料来源主要依赖于山野挖掘，也可播种繁殖盆景苗。榆树的表皮破坏后会大量流汁，尤其是根部，浸水后更为严重，所以在挖掘和换盆时应避开雨天，榆树根表皮较厚呈肉质状，初栽时往往因土壤排水不畅或浇水过多，造成根部缺氧引起病变，所以在栽植时应选用疏松透水性好的土壤。一般下山的树坯或移栽的植株，第一次可浇透水，往后适时控水，长势旺盛时可逐渐加大浇水量。

①山野挖掘的树坯，依据其自然条件因材处理，据根干条件，确立观赏主面，截除多余枝干标上记号。若枝成型后向左倾伸，根部右侧尽量截的短一些，左侧留长一些，增加视觉的稳固感。

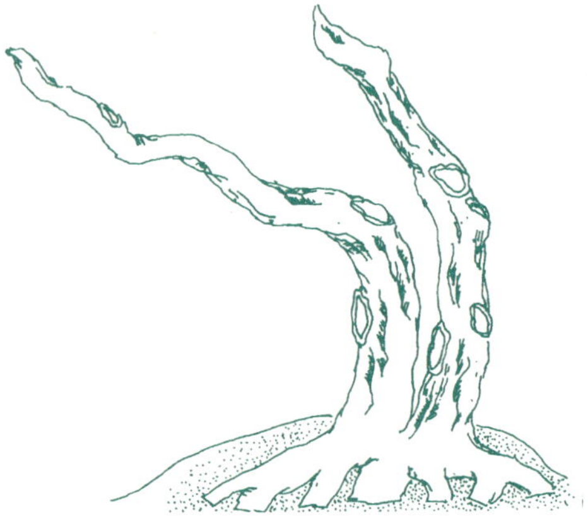

②修剪后的树坯，根的截面用木炭粉涂抹，如伤口继续流汁可置放阴凉处晾1～2日后栽植。为提高成活率，可在根基下端垫5厘米厚粗砂。

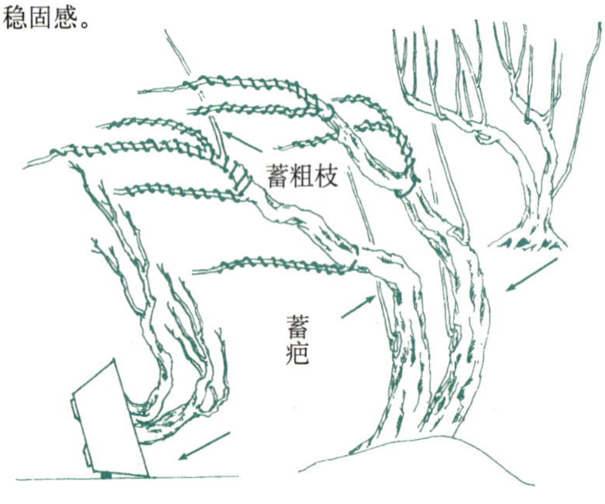

③栽植成活后，新枝条半木质化时，其嫩芽特别的密，要及时疏摘，保留左向芽，根据造型需要，剪除多余枝条。保留的枝条用金属丝、棕绳向左攀扎弯曲。落叶后进行一次修剪，一些不到位的枝条可牵拉调整。非生长季节枝条不宜过分扭折、缠绕、弯曲，以防"回条"。第一年春季，枝条萌发芽全部保留，其他部位的萌芽全部抹除。当枝条半木质化时，剪除过密枝继续向左攀扎牵拉。第三年以后，在萌芽后的生长季节将盆钵侧立，使左侧枝条朝上，凡逆向新生枝条可剪除或调整，迫使枝条向一个方向发展，以求得枝条的和谐统一。浇水时可将盆钵摆平。

④攀扎的枝条基本定型后，主要采用缩剪的方法进行树冠造型。数年后，树冠基本丰满即可正式上盆。因枝冠向左倾斜，上盆时根部尽量偏右，以增加树木的空间变化和动态感。

2. 枷椤木风吹式盆景的制作

枷椤木，常绿，叶小，酷似短叶罗汉松，萌发力强，生长缓慢，耐寒，可扦插繁殖树苗。

①春季，选择3~4年生长健壮枷椤木苗，带泥球掘起，剪除多余枝条，并将根球修成扁平状，用泥盆栽植。

②第二年早春，在每一主干上保留若干侧枝，其他剪除，并将枝干处的叶芽全部摘除，再用金属丝将所有枝干向右定向攀扎，不到位枝条可用棕绳或金属丝牵拉。2~4年后，主要枝干基本定型即可拆除攀扎物，加速树冠的生长。当侧枝长出若干小枝条后，用金属丝绑扎成掌形片状，由很多枝片构成树冠整体，造型形式可参照黄山的松树景观。

③由于枷椤木根部较细，正式上盆后，可在左侧配置石块充实盆面。

（八）垂枝式

“碧玉妆成一树高，万条垂下绿丝绦。”是诗人赞美春花二月柳枝垂柔、婀娜多姿、轻风悠荡的动人美景。借鉴到盆景造型中，就成为垂枝式盆景的风格特色。制作垂枝式盆景的树材，叶要小，枝要细而柔软，如柽柳、六月雪等。

垂枝式盆景的制作，主干枝要过渡匀称，小枝细长呈下垂状，其下垂的方向要基本协调一致，才显得自然美观，因为在自然界里细长下垂枝条总是随风偏向一侧。其主干要稍高，盆钵尽量浅一些，利于下垂枝的表现。

1．柽柳垂枝式盆景的制作

柽柳又名观音柳、三春柳，落叶，枝条柔软细长，是制作垂枝式盆景最理想的树材。材料来源可野外挖掘，也可扦插繁殖盆景苗。但其寿命短，枝条“易回”，较难造型，而显得美中不足。

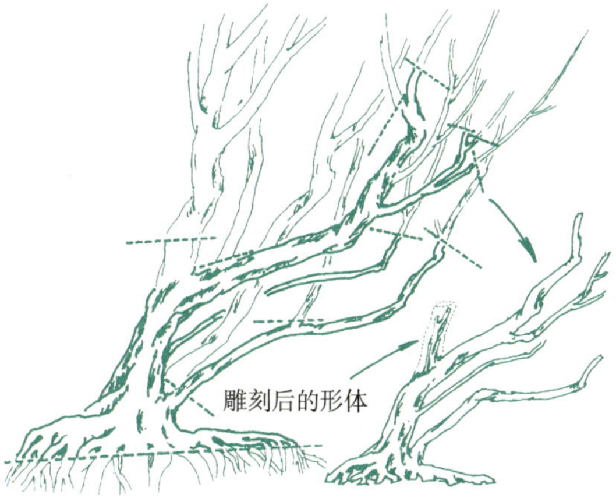

①早春到野外挖掘的柽柳树坯，先构思确立造型形式及观赏正面，截除多余枝干，修成水平状。

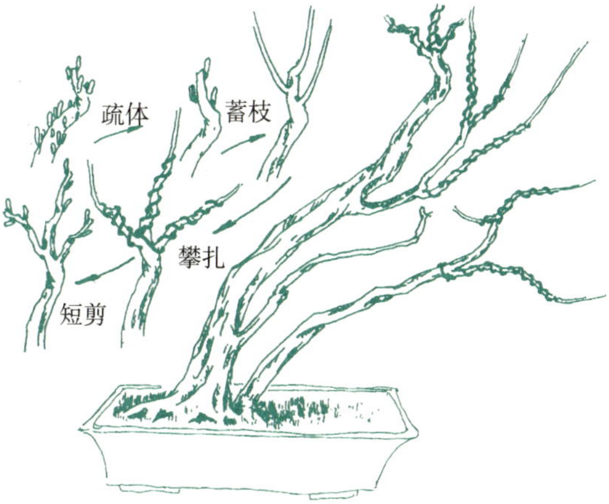

②刮除老干腐朽部分，栽植时将主干向右倾斜以增加动势，新发枝条非常旺盛时，说明新的根系已长成，此时确立主干枝并进行绑扎蓄养，其他部位的枝条全部剪除。一般情况下原干顶部必须蓄养新枝，使之过渡自然，当粗细适合时，根据需要留取适当长度，将梢端截除，在蓄养的主干枝上蓄养新的侧枝。春季主干枝会萌发很多芽，每一主干枝上留3～5个不同方向、不同高度的芽，其余抹除，蓄养侧枝即可。

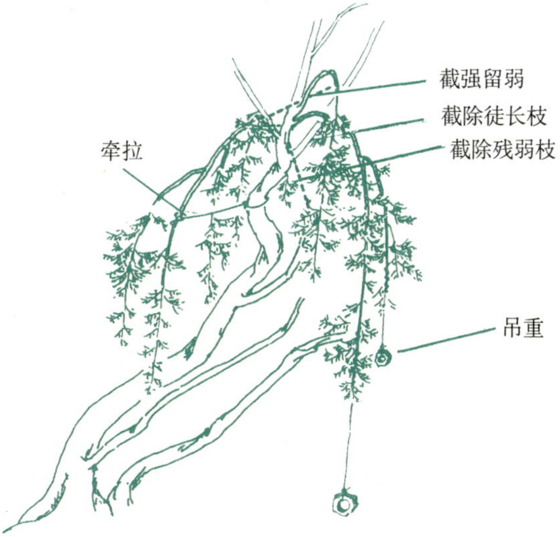

③当侧枝长成半木质化时，要剪除不宜弯曲难以下垂的强枝，诱发弱枝生长；剪除过密的、生长不良的短枝条，保留纤细而长的弱枝，这样枝条长叶后能自然下垂。要使所有下垂枝呈抛物状，即先上扬后下垂，才显得自然生动。一些枝条不到位，可用丝绳吊挂、牵拉来调整枝条的方向、位置，也可用金属丝绑扎。初秋加强肥水管理，使枝条增粗，增强其抗寒能力，防止冬季冻死。

④成型后选择浅盆栽植，若同时培植3～7株粗细不等、高矮不同的柽柳进行合栽，并在盆面点缀石块、野花小草，布置水面，会更有诗情画意。

2. 六月雪垂枝式盆景的制作

六月雪有单瓣、金边、花叶等品种，可分株和扦插繁殖盆景苗。特别适合小型悬崖式树木盆景的制作，也较适合垂枝式盆景的制作。

①春季选择4～5年生、2～3年生六月雪各1株，粗细、高矮不一，掘起后洗净泥土，剪除一切不需要的枝及长根，使根部呈扁平状。将两株合并处的根切除若干，相互贴在一起，小株略向后一点，并加以固定，用稍大泥盆栽植，主干略向右倾斜以增加垂枝的空间感。

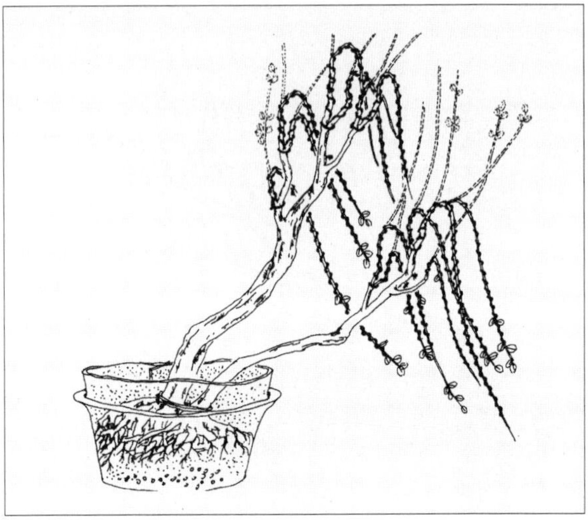

②成活后要及时抹除根部萌发的叶芽，以加速干上枝条的生长。当顶枝长到15～20厘米长时，用金属丝绑扎呈下垂状，枝条由上渐下自然下垂，并向右飘荡，形成动态感。攀扎后其他部位更易萌发叶芽，影响攀扎条的生长，要及时抹除。一年后拆除攀扎物，不到位的枝条可用丝线牵拉，或系物垂挂进行调整。在养护中及时抹芽，勤施肥，常修剪。

③基本成型后，可在春季上盆，根据树材大小，选择浅型汉白玉或大理石盆。在盆面用色笔画出栽树范围及所留水面的轮廓线，其水面不小于总面积的1／3，水岸线呈不规则状。根据轮廓线选择大小、高低、体量不等的龟纹石若干块，试放后，按统一纹理走向，将石块用水泥黏合在盆面上，不留缝隙。分割成的水、陆面，以两边水互相不渗透为好。石块干透后，将栽树处底部先放一层粗粒土，再放一层薄薄的细土，将六月雪从盆中取出，除去大部分泥土，缩剪根部，栽在已定的位置上，填入营养土，根部用棍棒捣实，点植小草野花，然后铺青苔，用毛刷清扫尘土，一切完毕后，用水壶喷洒淋透，置于阴凉处，待新叶完全长出后，进入正常管理。因盆浅、土少，夏要遮阳，冬要防寒，并加强营养供给，确保植物生长需要。

（九）附石式

在高山峻岭、悬崖峭壁上，许多松树生于洞穴缝隙间，或抱石而垂，或倚石而立。尤其是生长在南方的榕树，其根能把硕大的巨石围抱。陡壁之处的榕树，其根往往能锁住石面，沿壁垂挂，巍巍壮观，这无不展示出自然界里树木的强大生命力的坚毅刚强的风貌。在树木盆景中，这类自然景观的造型就成为附石式盆景的风格特色。其中又分抱石型和洞穴寄植型。榕树、三角枫根系发达，生长速度快，根易相连接合成整体，抱石效果最为理想。松树、六月雪适合石穴寄植，榆、金雀、福建茶等也可制作附石式盆景。

抱石型和洞穴寄植型的石料宜选坚硬、不宜剥落、造型得体的龟纹石、石笋石、英德石、斧壁石、钟乳石等。沙积石吸水性能好，适合于寄植型。附石式盆景栽植方法多种多样，可将树贴紧石面，根穿插、迂回缠绕石壁；也可在石背面开挖洞穴，挖至盆面用以植物吸水和泄水，将树木植入洞穴之中；还可将树木植入吸水石的顶部、腰部。附石式盆景的制作要点：其一，树石搭配自然得体，相得益彰，在比例上忌体量均衡。要么以树为主，要么以石为主。其二，树木的根应紧贴石面忌松散。其三，树石姿态富有动态感；险中见奇、奇中求稳。其四，精心养护。下面以野外挖掘的金雀和人工繁殖的三角枫为例。

1. 金雀附石式盆景的制作

金雀叶小，初夏开金黄色花朵，似展翅而飞的金雀，甚为雅观。2～3月份可野外挖掘金雀树坯，因其根较深，易损，采挖时尽量开挖大穴，并保护好根系，将长粗根整体掘起为好。根长利于附石式盆景的制作。也可用老根扦插繁殖盆景苗。

①采回的金雀剪除2/3的枝冠，将根上部的短须根全部剪除，保留根端的须根用泥盆围套栽植，成活后逐渐拆除围套物露根3/4，第二年或第三年对枝冠略加修剪绑扎，选择适合的深色硬质石块，用水泥将石块黏合在盆钵上，再将根缠绕在石块间，并用易烂的细绳将根捆缚。

②用泥浆涂刷根面，并用青苔将根及石块围实，用棕皮包紧，再用棕绳或金属丝捆紧，然后栽植在大小适合的、稍大而浅的自制木箱内，置阴凉处养护数月，待枝叶丰满后，进入正常管理。翌年春季、梅雨季，视长势由上而下逐渐拆除棕皮，分期露根至全露，同时剪扎树冠。

③此图为基本成型后的景观。由于盆浅土壤有限，只有确保肥水供给，保持必要的光照，才能长势良好，繁花似锦。

2. 三角枫附石式盆景的制作

播种繁殖的三角枫苗，当年可长到30～60厘米高，第二年便可掘起疏植，3～4年后可选作树坯。三角枫繁殖苗制作附石式盆景的优点是抗逆性强，生长速度快，根系长而细，易于攀扎造型，但制作中大型盆景，花费的时间较长。

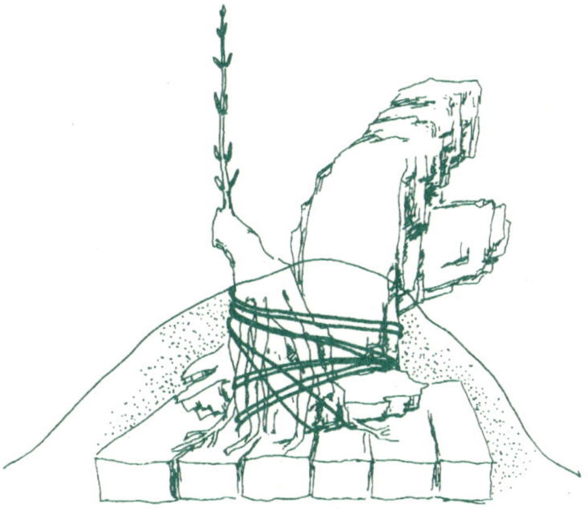

①春季三角枫刚冒芽时，选择3～4年生疏植苗，将根全部掘起不截断，然后放在水里将泥土洗掉，剪除主干枝，保留3～4个芽，同时剪除细小根，保留长根。选择一造型优美的硬质石块，将其底切锯平、放稳。

②把根理顺沿石壁缝槽贴石放下，根的铺摆要有粗细、疏密变化，然后用易烂的细麻绳分别绑紧，完毕后用砖围一方池，并在底部垫砖块，迫使下部根水平生长，便于以后上盆。树石放入后，填入泥土露出树芽，浇透水即可。

③成活后，勤施肥任其生长，养壮根系。第二年春，露出1/5根系时，剪除露根部新生的细根。第三年早春，留一粗一细两条枝，并截短留3～4个芽，其余枝条全部剪除，同时将石头根系露出3/5，并剪除露根部位的新生根。4月初进行抹芽，确保短截枝新发条的健康生长。梅雨后，新发条用金属丝攀扎，不短截，秋季拆除攀扎物。第四年春，疏剪枝条，保留的主干枝仍然放养不剪，侧枝进行短截，同时将根露出4/5并剪除新生侧根；每一干基部放一强壮枝任其生长，以增加干的粗度，同时也可强壮根系。初秋短截枝所发的新条便可攀扎。

④第五年春萌芽时将树石掘起，对枝冠进行强修剪，同时对石基部根进行调整攀扎、修剪、造型，使正面根往下离开石体后，沿土面延伸5～15厘米自然钻入泥土。若石部的裸根与石松离，可用木板绑压。完毕后进行第二次地栽，继续蓄养顶枝，侧枝以剪为主、以扎为辅，加以造型，且继续露根。第七年春将顶枝短截，初秋对新发顶枝进行攀扎造型。

⑤第九年，可正式移栽于长方形紫砂盆或石盆内观赏，并在盆眼处留一长金属丝固定石头基部。上盆后3～4个月内不宜搬动盆钵，并精心护养，盛夏适当遮阳，冬季注意防寒。一盆附石式盆景即初具规模，随着岁月的推移将日臻完美。

（十）双 干 式

在起伏的旷野和乡间的小路上，常能看见两棵树相依相偎，或一高一矮，或一粗一细，或一正一斜，或二干并立；似孪生兄弟威武雄壮，似一对情侣窃窃私语，似一老一少悠然自得。这种自然景观的造型特点，在盆景中就称之为双干式盆景。双干式盆景节奏明快，画面生动，富有变化。双干式盆景的树材叶要小，干枝分明，如五针松、罗汉松、黄山松、榆、朴、三角枫、福建茶、枸骨、九里香等。野外挖掘的树材主要取决于树材的自身条件，人工繁殖苗应自幼塑造培养。制作上忌双干的体量、高矮、粗细等同，双干的形态要顾盼有情、有呼有应。双干式盆景又分直立型、一直一斜型，还可制作成悬崖型等。

1. 雀梅双干式盆景的制作

雀梅有大叶、小叶之分，小叶制作盆景最为适合，其材料来源主要依赖于野外挖掘，但也可扦插或播种繁殖盆景苗。雀梅春季呈黄绿色，深褐色的干托着细小的黄绿色叶，显得十分协调、和谐，惹人喜爱。落叶后枝干虬劲另有一番风采。雀梅的截面较难愈合，有“回枝”现象，这是美中不足之处，所以应特别注意锯口的处理和病虫害的防治，及盆内卫生。勤施薄肥，勤换盆土，多光照，保证通风良好，确保长势旺盛是杜绝“回枝”的重要措施。野外挖掘树坯最好在1～4月份，但在有霜冻地区，必须注意防寒，因雀梅露天栽植，其受风面的表皮极易裂开。防冻方法，可在截干时用乳胶涂其截面，并用塑料袋罩住树体，根部用土围堆，也可用泥盆栽植放在室内。

①野外挖掘的雀梅树坯往往多干，先确立需留的两干，其余锯除，并尽可能将锯口较多的面作为背面，观赏主面锯口越少越好。锯截时尽量保留雀梅根盘外侧干以保护根基。根部修成水平状易于上盆，栽植时不可过深，土要疏松，透气性能好。

②梅雨后新条可长至一定的长度，此时应扒除根部的堆土，否则围土处极易生长新根，而底部老根萎朽。枝条定位后，将多余枝条全部剪除。锯口下侧保留部分叶芽，否则容易导致锯口下方的水脉及根坏死。第二年春萌芽时用金属丝攀扎枝条，攀扎弯曲宜硬角，忌软角，取刚舍柔。及时抹芽、疏芽，蓄养小枝，落叶后短截，始而复之。

③第四年春，对主枝上发出的新枝进行攀扎。初秋修剪，往后的几年里主要以缩剪为主。一些不到位的枝条可用绳子牵拉调整，剪的时候注意枝条的粗细、长短、弯曲角度的变化。

④基本成型后即可移植观赏盆内。

2. 白蜡双干式盆景的制作

白蜡树适合各种形式的盆景造型，扦插繁殖盆景苗较为理想。

①春季2～3月份。选择4～5年生有两干的壮苗，剪除2/3的枝保留一粗一细两根干，根部修剪理顺呈扁平放射状，如地栽可在根底部垫砖，把放射状根束缚在砖体上，填上浇水。

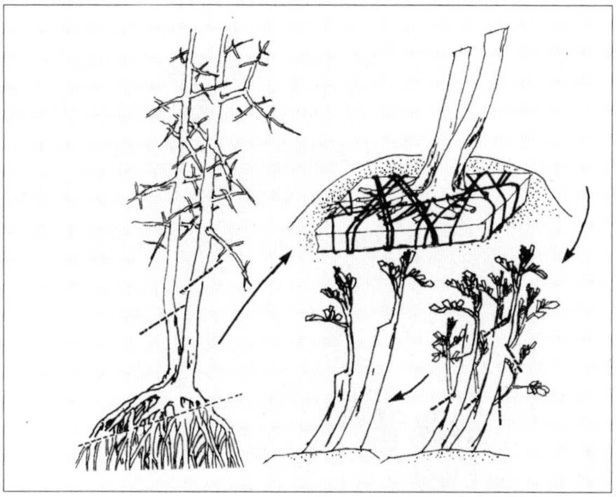

②第二年春在两干基部各竖一侧枝代干，第三年或第四年早春，将主干再一次截短，侧枝代干加以蓄养。梅雨后竖起的侧枝可长到约50厘米长，此时用金属丝绑扎弯曲，使两干向右倾斜，其顶梢部竖直朝上。剪除对节枝的一侧，如制作高干型，主干1/3以下的枝全部剪除，当侧枝长到30～40厘米长时，再一次攀扎、短剪，往后以剪为主，略加绑扎，造型时左侧枝长，右侧枝短。

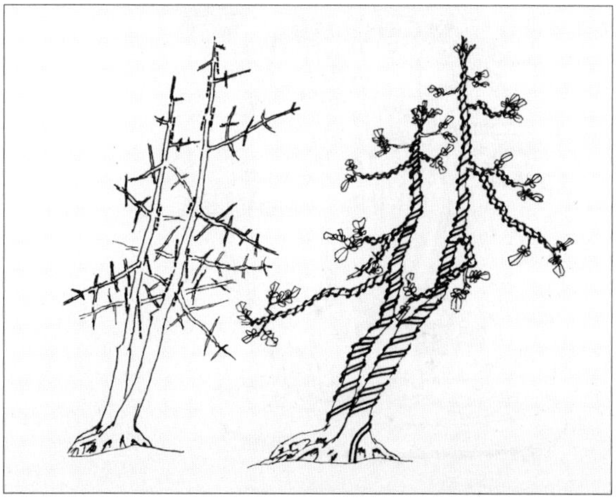

③基本成型后，到春季掘起在盆中试放，剪除长根及多余枝干，重新地栽养壮根系，确保翌春上盆成活。第二年春选长形浅盆移植，由于干较高，两干均向右倾斜，故上盆定位在盆钵向右1/3处较好。

（十一）多干式

大自然里的树木除单干双干外，还有丛生状的，由多个干构成树冠整体，就像一个大家庭，有年长、有年青、有年幼，参差不齐，这种树木景观有着热烈的气氛，饱满而充实。在盆景中，这种丛生状的树木造型，就称之为多干式盆景。

多干式盆景的制作，应注意树干高矮、粗细、疏密组合变化，树干的数量少，以奇数组合为好，枝条宁简勿繁，枝条定位宁上勿下，干的基部充分裸露。清代著名画家郑板桥画竹有句名言："削尽冗繁留清瘦"，很值得借鉴。山野中的火棘、朴树、水蜡、雀梅、枸骨、六月雪等常有多干丛生，可选作多干式盆景树材。

1. 朴树多干式盆景的制作

2～3月份，挖掘朴树多干型树坯，据其自然条件确定造型特点。朴树叶较大，生长速度也较快，造型时枝条尽量少一些、疏一些，枝条处理上以剪为主，攀扎为辅，初植时的秋生条，在寒冬中容易回条。如果深秋修剪，发出的新条更容易受冻害，故重剪宜在早春2月萌芽时进行。放叶时控制浇水量或摘叶能使叶变小。

①山野挖掘的多干朴树，造型时注意主干最粗、最高，其他副干粗细不等、高矮相间，观赏主面的选择应避开锯口，根修锯在一个水平面上，以利于以后上盆。

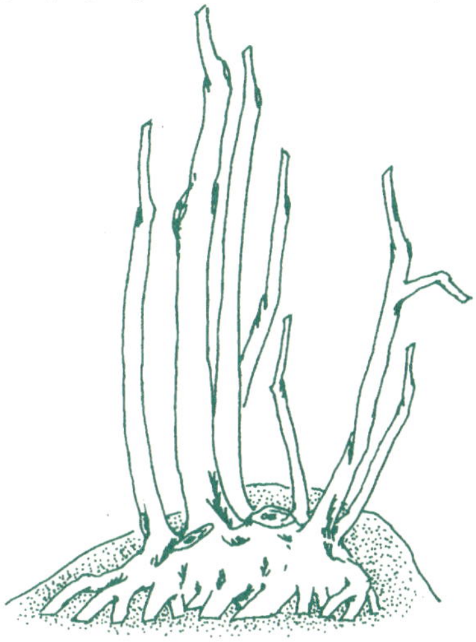

②先地植，也可用砖围池栽，根盘的1/2应在地平面以上，用土堆围便于露根处理及排水，栽时主干要在正前方。

③梅雨后，进行枝条定位，每干须竖一顶枝过渡，各干所留枝条高度应交错有致，忌在同一水平线上。3～4年后枝条粗细适合时，便可缩剪。通过不同方向的留芽，来调整枝条的空间位置，第一次短剪后的芽长成新枝条，粗细适合时，进行第二次缩剪，反复数次，秋前下剪为宜，修剪枝条的长短有别，忌对称、平行、均等，经过若干年修剪后基本成型。由于地栽根系较长，需在上盆的前一年掘起，剪除有碍上盆的根，再地栽一年蓄养新根，翌年春正式上盆，否则截根过多，影响上盆后的正常生长，严重时会导致死亡。

④成品图。

2. 小叶女贞多干式盆景的制作

小叶女贞可播种繁殖盆景苗，也可扦插、压条繁殖。因其叶小，尤为适合多干式盆景的制作。

①春季选择5～8年生小叶女贞苗，掘起后用水将根部泥土洗净，剪除定根、茸根、超长根，并根据根系情况将主干截成10～15厘米长。

②栽植时把根系理顺呈掌形四方展开，相近或相并的两根可用木块塞入两根间，把两根分开，栽植洞穴深度以根系刚能触及地面或略下为好，沿穴底部垫红砖并在其上铺一层土，将植株放在砖体上，为能使根系呈扁平状展开，可用易烂的绳将根系捆在砖体上，然后覆土围堆，1～2年内加强肥水管理，任其生长不加修剪。

③第三年春掘起树桩，洗净泥土，重新修剪根部，并根据需要定位留条，多余的剪除，然后地栽或盆栽。同一时期的发条生长相近，可用修剪、放条、控冠的方法，使树干与树冠在体量上拉开距离。留条半木质化时，用金属丝攀扎弯曲，确定主干的弯曲形式及空间位置，每一干上的分枝长成后，再进行攀扎定位，然后用缩剪方法造型树冠。当金属丝快要陷入木质部时，要立即拆除。先蓄干，后蓄枝；先造干，后造枝；先攀扎、后修剪。造型方法和朴树造型基本相同。基本成型后选用浅石盆栽植。

④成品图。

（十二）丛林式

黄山上丛生的松树，干苍老，枝虬曲，根盘石呈片状结顶，苍劲自然；峨眉山金顶丛生的杉木，主干高耸，直插云端，枝疏呈水平状，气势磅礴；九寨沟池边丛生的杂木，枝干粗细相间呈放射状展开，枝叶繁茂野趣天成；丘陵地丛生的杂木，三五成群，树干曲直相间、高矮错落、粗细不等，枝叶飘逸舒展，树冠外缘线呈不规则弧曲状，颇有田园情趣；黄土高原丛生的杂木，株间稀疏，树冠呈伞状或球状，显得玲珑可爱。将这些自然景观借鉴到盆景造型中来，就形成丛林式盆景的风格特色。丛林式盆景的树材来源十分方便，可通过人工繁殖，而且不拘材料的外形、年龄，即使顺其自然将天然的组合移植造型也可得佳作。

丛林式盆景对树材的要求不太严格，只要叶小、萌发力强、耐修剪即可，如月雪、榉、朴、三角枫、福建茶、柽柳、金钱松、小叶女贞、水杉、五针松，榆、火棘、银杏等也可。栽植形式，可根据材料的条件，栽成透视型即近大远小或组合型即三五成群或团块型。

制作时注意，主干稍高，副干粗细、高矮、疏密要有变化，10株以下者取奇数。其枝应疏、短、简。主树在前，位高；副树在后，位略低。可全部用土栽，也可土中嵌石，形成沟壑，还可附石，栽成水旱型也行。陆面、水面、石面的体量、高矮，应主次分明。盆面不仅可点石，也可种植小草野花，也可点放人物、动物、建筑物模型等，来烘托主题、丰富画面。可用浅型紫砂盆、釉盆，也可用汉白玉大理石盆，以浅为好。如用天然的石片或钟乳石盆更好。

树种搭配力求和谐统一，统一中求变化。一般情况下，一盆之内同一种树较好处理；也可以某树为主，其他树种为辅，但要注意树势的统一和谐。枝叶根据干型塑造，或团簇，或平整，或呈云片状，或呈下垂状，或自然舒展。近景树木疏密、大小差异较大，远景差异较小。

白蜡丛林式盆景的制作

①2～3月份，选择3～4年生扦插白蜡苗数十株，且高矮、粗细有别，制作一盆斜干丛林式盆景。先将白蜡苗一律剪扎成斜干形，剪除干部1/3以下侧枝，疏剪、缩剪上部枝及根部，所留侧枝可用细金属丝绑扎调整，观赏主面枝宁少勿多。在保证成活的提前下，植株越小越有利于以后上盆组合。浅泥盆疏植，植株一律向右斜45°，两年后顶枝自然向上。养护期间勤施薄肥，及时抹芽、修剪、摘心，加强通风、光照。

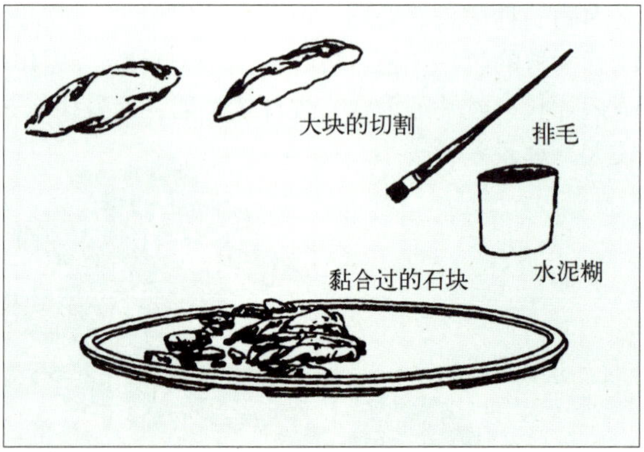

②4～5年后，植株基本符合上盆要求时，准备好上盆所用的材料，如盆钵、点石、青苔及小型野花野草、盆土等，其配石底面切割成水平状。

③春季在其萌芽时上盆，上盆前的植株1～2日内不浇水，晾干后将植株取出略加修剪，保留长根。然后试放植株，确定植株的栽植范围，盆面前景尽量开阔些，主景位置略高，前景干枝略高，后景干枝略低，强化主景的表现和透视效果。并将切割好的石头用高标号水泥黏合，石头结合部的缝隙要填实。注意池内的水不要没过干面；石块的品种、纹理色彩要一致，石块大的在前或放置主要视觉位置，小的在后；坡角线有进、有出，呈不规则状；树木是主角，石块是配角，待水泥干后正式栽植，池内先铺一层土，将植株按预先构图先主后次栽植，植株间不要平行，理顺根系，中间植株长根向四周展开，以保障其树木长势。填入营养土，在不伤根的前提下用棍棒捣实。铺置青苔，点栽小型植物。色彩鲜艳的植物可起到画龙点睛的作用，可放在主要位置，但体量不宜过大过多。

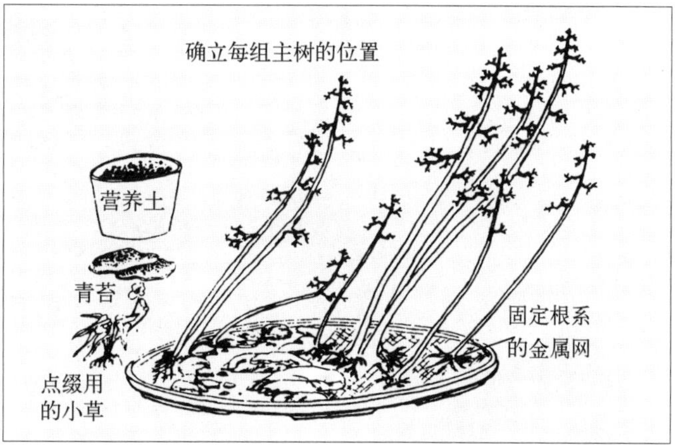

④栽完后置阴凉处，全部放叶后进入正常管理。丛林式盆景尤其是密植型，树多、盆浅、土少，要精心护养、防寒、防曝晒，加强叶面喷水和根外施肥，及时抹芽、摘心和修剪，维持优美的姿态。植株间要通风良好，使每一株能充分呼吸清新空气，享受阳光雨露。

（十三）临水式

湖畔的树林，其水边的树在丛林最外侧为了赢得阳光，不得不将自己的身体向水面延伸拓展，呈临水状；树的重心偏向一侧，枝干沿水面或下俯，或上扬。这种自然景观，表现在树木盆景造型中，就形成临水式盆景的风格特色。从某种角度上讲，临水式造型位于卧干式和悬崖式造型之间，卧干的重心也偏向一侧但不悬空，根干有明显的卧意。悬崖式树干出盆后呈下垂状，悬崖明显。临水式树干出盆后向一侧倾斜，近水枝长而舒展，枝条随主干倾斜而基本偏向一侧。

临水式盆景活泼，富有灵性。松类、杂木类都可作为临水式盆景的树材。野外挖掘的树材主要取决于其自身固有的姿势造型。人工繁殖苗宜选叶小、萌发力强、耐修剪的树材造型。

1. 扶芳藤临水式盆景的制作

扶芳藤，常绿、藤本，匍匐或攀援树干生长，老干易朽。所以在养护过程中，放叶时适当扣水，加强光照，注意盆面卫生，若发现局部坏死现象，即用三角刀刮除并防腐，尽量使病变的树干保持干燥状态。

①在小溪、池塘边挖掘贴壁而生的扶芳藤。用水适当冲洗，修剪根部，剪除所有气生根。

②将植株向左转90°，使其呈向左临水状，剪除向右伸的强枝，其他枝干分别进行疏剪、短剪，并适当缩剪根部，右侧偏高的根剪除；保留若干叶片，也可不留。

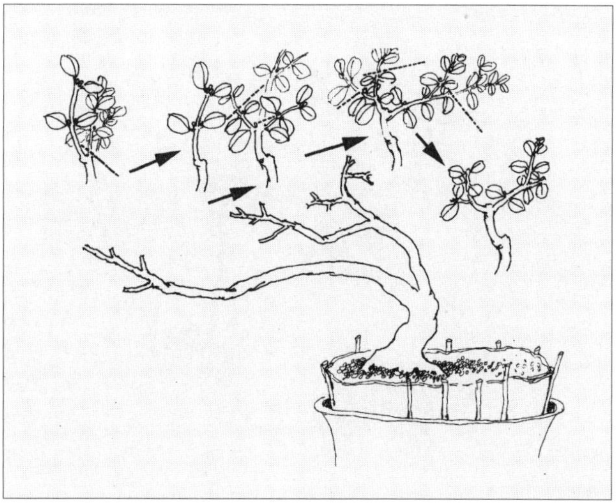

③用大的泥盆或木箱栽植，也可地栽。盆栽时沿盆壁用塑料布等围套，将干基掩埋。成活后拆除渐露根；缩剪枝的截面往往萌发3～5个芽，当芽放出4～5片叶时，根据需要保留1～2条枝任其生长，多余枝剪除。保留枝蓄养粗细适合时，在1～2节处将梢端剪除，再发出新枝只留2条枝。再次缩剪时，向左侧倾斜的枝留2节芽，另一枝留1节芽，使两枝一长一短，个别不到位的枝条可用牵拉或攀扎的方法调整。

④基本成型后，2月初萌发芽时即可上盆。上盆前注意，扶芳藤根系特别发达，1～2日内不浇水再脱盆，脱盆后由于根系密，不易修剪，可用水将外围土冲除，剪除外围的须根。扶芳藤叶绿干黑，配稍高一些的正方形紫砂盆较为适合。上盆1～2个月内放在阴凉避风潮湿处。扶芳藤喜肥、不耐旱，放叶期间适当控水，加强通风、光照，可使其叶小节短，夏季浇水要跟上。梅雨季除外，每隔一星期施1次薄肥，可使枝叶繁茂。

2. 火棘临水式盆景的制作

火棘为常绿灌木，有宽叶、窄叶之分，窄叶制作盆景较宽叶理想，无论是单干式、双干式，还是丛林式盆景均能制作。火棘5月盛开，花淡绿色，初冬红果挂满枝头，到翌年初夏不落。但其干易遭蛀心虫危害而夭折，需注意防治。养护中花期适当控水、控肥，加强通风光照，平日可施含钾、磷高的骨肥、饼肥等，以增加挂果量。火棘当年春季抽发的短枝是翌年的开花挂果枝，修剪时只可短剪，秋发枝可剪除。如翌年有重要的场合需要陈设，当年花果可尽早摘除以提高翌年挂果质量。

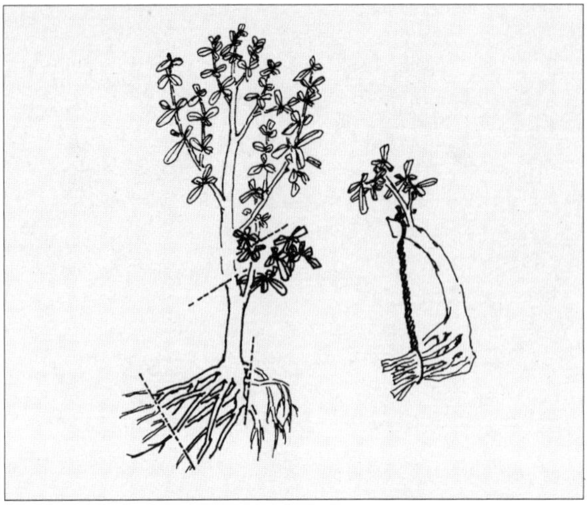

①2～3月份，选择3～4年生火棘苗，剪除主干枝，留一侧枝，剪除右侧不易弯曲的根，左侧根梢留长一些，根中间放一束棕，用易烂的麻绳将根捆起来，另一头固定在干部将树体拉成弓形。

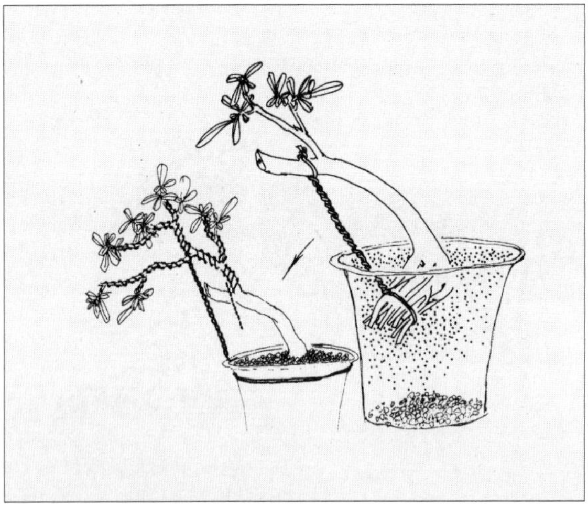

②用大的泥盆栽植，栽时将植株向左倾斜45°，春季梅雨季任其生长，不加束缚，梅雨后根据造型需要将不用的枝条剪除，将所留枝向左倾斜攀扎，以确定主干、主枝的位置。往后用缩剪方法来控制调整枝冠，确立树冠形式，个别不到位枝可用牵拉方法调整枝冠，确立树冠形式。

③3～5年后基本成型，成型后可在春季上盆，盆高度中等，色彩以淡色为好，如淡白色、蓝色、梨皮色皆可，以衬托出花果的鲜艳，果期欣赏可摘除叶片。

（十四）连根式

有些树萌生力特别强，无论根还是干，着地后非常容易生根，裸露的根还能萌生新的小树。如小叶女贞、三角枫、榆、紫藤、六月雪、梅花、赤楠等，当这些树被风刮倒，长期着地，着地的干会长出新根，且在长根的干部萌生出新的小树。而在陡坡的树由于雨水洗刷，或山洪将泥土冲走使其根裸露，久而久之根又萌生新的小树。在这些情况下，原来一株树其不同方向延伸的根，往往能长出若干株粗细不等、高矮不一、根根相连的同种树，形成了奇特美观的同根丛林形式。这种自然景观移植于盆景造型中，就成为连根式盆景的风格特色。连根式与丛林式、多干式盆景的制作方法、养护管理基本相同。

1. 小叶女贞连根式盆景的制作

春季在多石的山野常能挖掘到贴石而生的女贞老桩，其主干松散，根呈板块状，这是制作连根式盆景的理想树材。

①2～3月份挖掘的小叶女贞老桩，其根部呈扁平状，从基部截除所有干，然后将所有根锯成水平状，完毕后地植。

②用长的棍棒将根部土捣实并浇透水，同时用土覆盖根面，用浸湿的稻草等铺盖，保持湿度。4～5月份根部萌发很多叶芽，即可掀除铺盖物。

③梅雨后，叶芽可长到10～20厘米高，此时将根面的土轻轻扒除，在确保造型所用枝的前提下，疏剪弱枝且加强肥水管理，任其生长使根干发达。第二年春，疏剪过密的侧枝，缩剪顶枝，使其高矮不一，观赏主面的干侧枝尽量留高一些，使干充分裸露以增加透视效果，然后将顶枝、侧枝绑扎成水平状，再按片状修剪、摘心。该造型远视呈丛林型，故干稍密一些、矮一些，树冠尽量小一些。

④基本成型后，春季掘起，根据盆钵大小对根部进行缩剪，然后再下地养护一年，翌年春正式上盆。

2. 赤楠连根式盆景的制作

赤楠耐修剪，不耐攀扎，生命力强，有些初植树坯即使当年不发芽，翌年仍可萌芽生长。

①春季在斜坡选挖根部呈板块状一大一小赤楠两株，截除所有树干和长根，地栽，根面用土或稻草覆盖。

②萌发新枝后，进行疏剪、短剪，缩剪后，新发梢及时摘心，诱发枝条生长，加速树冠的形成。

③若干年基本成型后，根据树材大小选一块天然的斧劈石或千层石，尽量宽、厚一些，呈横卧状放置，并在顶部开凿坑槽，将大桩放在右侧主要位置。合栽时，左侧树左端下偏20°～25°，低于右侧主树。使整个树势向左倾斜，植后根据型体需要剪除1/3～2/3的叶片，疏剪过密枝、相撞枝。石缝、石穴可种一些小型的野花、野草，完毕后放在阴凉处2～3个月后，可进入正常管理。

（十五）提 根 式

一些古老的树木，由于漫长岁月的风雨洗刷，其根裸露，姿态奇妙，有的似秃鹫鹰爪，有的如蟠龙虬曲。树木盆景造型中，可通过提根表现这种苍劲的美感，即提根式盆景。金弹子、金雀、紫藤、扶芳藤、榕树、三角枫、六月雪等，都易提根，有的软体根还可缠绕盘扎。

提根式盆景的制作主要是将植物的根提起来，使根悬立。因树种的不同或造型的需要，可采取不同的方法。常见的方法是通过浇水将表面根土冲除，使根裸露，在上盆时有意识地将根露出盆面，用物体围住，再填入泥土，成活后，拆除围困物体使根悬立。野外挖掘的树材有些根较短而平展，无法提根，可通过诱发蓄养根系，然后再露根。

金银花提根式盆景的制作

金银花根系发达，制作提根式盆景尤为适合。用野外挖掘的老桩造型较易成功。也可扦插、压条、播种繁殖盆景苗。

①2月初野外挖掘金银花老桩，剪除所有细枝和茸根，保留若干较粗的主枝。

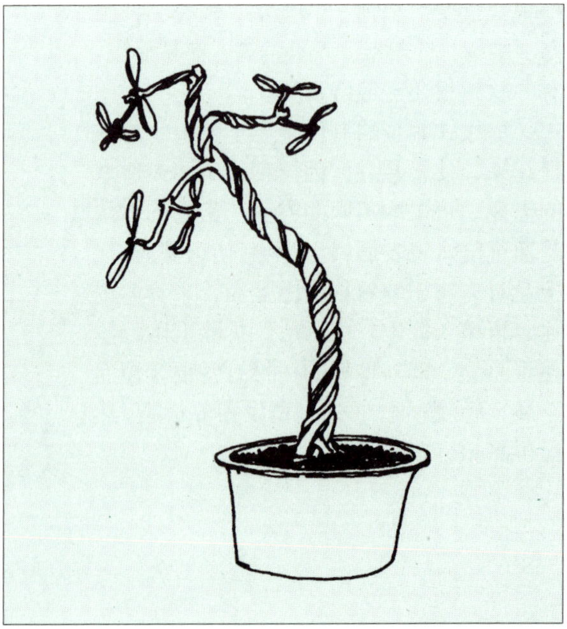

②然后用稍大泥盆栽植，如根系平阔可用麻绳捆绑收拢。

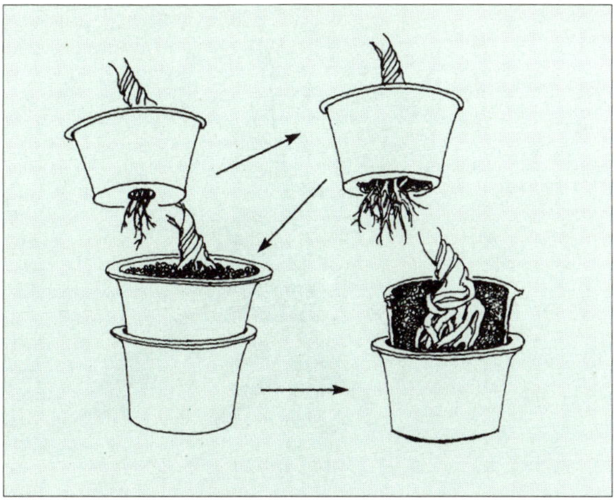

③成活后，要及时抹除根部枝杈间萌生的新芽、新枝，使主枝生长及萌条旺盛，但主干枝上新发枝条，不可过密、过多。第二年春将盆底敲掉，套入稍大的泥盆中，并埋入地里，让根系向下生长。第三年春，将里面的盆敲碎，不断浇水将根土冲洗掉，剪除细根，对主枝、分枝按造型需要进行攀扎、缩剪，尤其是萌发的新枝要及时剪除，确保所留枝条的正常生长。金银花的根极易穿出盆底洞眼，扎入盆下泥土里生长，可利用它养枝壮根，但上盆的前一年要将这些根切断，以利于移栽成活。

④成品图。

（十六）枯峰式

在庙宇及山野村庄前，常见一些高耸的古木，由于长年累月的电击、雷劈、风雨剥蚀，树干呈现出不同的枯峰形式，朽而不死。那灰白色斑驳的干枝，仿佛诉说着岁月的枯荣，给人一种悲壮的美感。将这种景观移植到树木盆景造型中，就形成枯峰式盆景。

枯峰式盆景树材的木质以坚硬、耐腐为佳，一般多来自山野挖掘。要善于根据树材的自然条件，去确立造型形式，以势造型，不可硬拉强扭。枯的枝干视觉明显，其造型要有一定的力度感，不可过细、过尖或腐朽。

石榴枯峰式盆景的制作

石榴品种多，其小石榴品种又称月月榴，落叶，树型矮小，花果也较小，最宜制作盆景。但此品种干粗者甚少，需用大叶石榴为砧木嫁接。选老干多旋扭、木质部坚硬、耐腐者为砧木，嫁接后花果俱佳，堪称“六月花开红似火，硕果沉艳缀秋枝”。

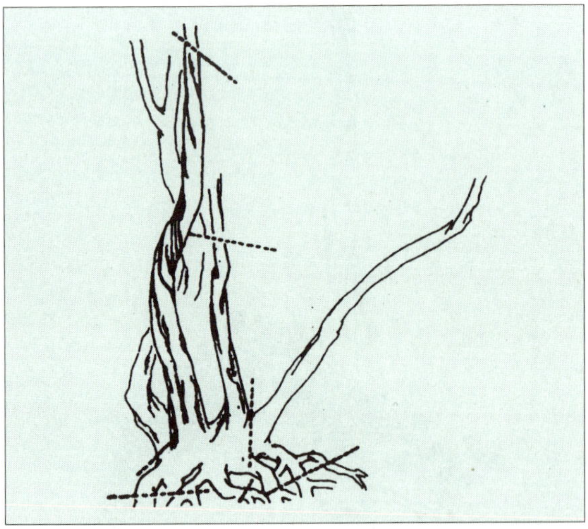

①春季，取大果石榴老桩，根据枯峰式造型需要，截除多余的干，保留两干，截成一高一矮，并将根冠修得小一点，利于以后上盆。年长的老石榴往往根盘较大，可逐年缩截根部。右干截面制成“V”形。

②将左干制作成枯峰。植前将左干树皮剥除，但保留根基树皮以保护左侧根基，然后按干的扭转线脉开挖雕凿，下地栽植数月后，剥皮的干表面已干枯，即可打磨、涂防腐剂。长势正常后，右干顶部蓄养新枝，剪除余枝，任新枝生长。

③两年后新枝已长粗，春季刚萌芽时，在适合的高度截除上部枝，用劈接的方法嫁接小叶石榴，嫁接成活后，及时剪除砧木发出的新枝，蓄养嫁接的小叶石榴，并进行绑扎修剪造型。

④成品图。

（十七）附木式

野外挖掘的已死的树桩，或养护中未能成活死亡的树桩，其造型十分优美且木质部又未腐朽，可采用附木形式加以利用，制作成舍利干型、枯干型、枯峰型、枯梢型均可。附木式盆景的制作，时间短、成型快，较受初学者的青睐。

附木式盆景枯桩的选择，要求形态美且木质部坚硬、耐腐，加强防腐处理，尤其埋在泥土部分，防腐更为重要。木质部病者不可用。以耐腐的柏、松类、黄荆等枯桩最为理想。

杂木类的雀梅等，虽坚硬但易开裂和腐烂，埋入土壤里更易烂；有些枯死桩景如榆桩由于虫蛀，保存时间较短，所以选用的杂木枯桩最好能浸泡水中，出汁后捞起晾干备用，也可蒸煮出汁后备用。有些枯桩处理后的颜色会变黑，或深浅不一，可进行雕琢、打磨或多涂几次石硫合剂，统一色调。所附的树木最好和选用的枯桩是同类树种才更显得自然。人工雕琢的痕迹应放在视觉不明显的位置。附木与枯桩的所有衔接处要自然、合理，虽由人做宛若天成。附木式盆景的观赏主面皆为枯景，可按舍利干制作方法加以改造，形神兼备、合二为一。

真柏附木式盆景的制作

①冬季选择一植株较粗易于雕琢造型的刺柏死桩，主干不宜过高，确立观赏主面后，按需要剥皮、雕琢、刻、挖、钻。大的轮廓确立后，进行局部的精雕细刻，晾数日后再用不同型号的砂纸打磨，背面刻一槽沟用以附木。雕刻完毕后存放室内阴干，并涂防腐剂数次。

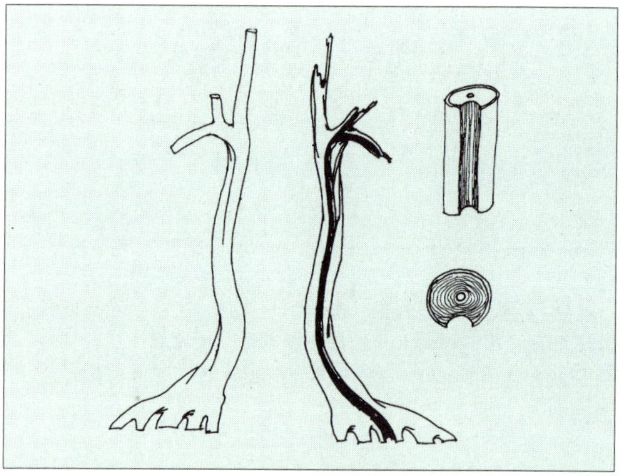

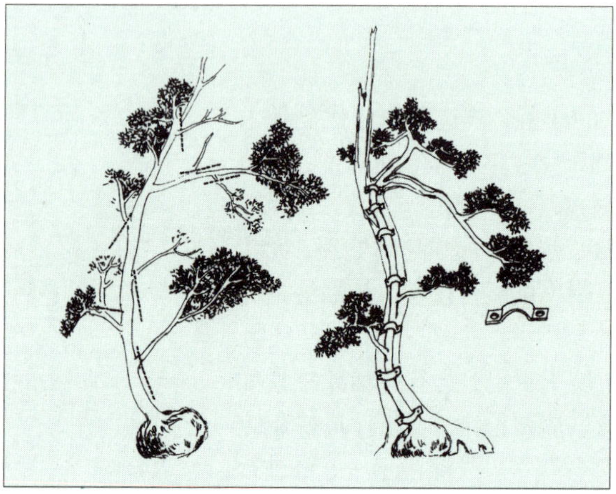

②春季根据附木的高矮形式，选择适合的真柏苗，并进行修剪。真柏干与枯木沟槽如不相合，可修整沟槽至真柏的干能嵌入为止，嵌入后如松动，可用线捆牢或白铁皮固定，然后用大的泥盆或木箱等栽植。

③栽后加强管理及枯木的防腐。成活后1～3年内不做大的修剪，以蓄养壮大主干枝，使嵌入的干枝长满沟槽并外溢，合二为一。在这期间对所保留的枝冠要实行必要的攀扎、摘心，几年后将不需要的下部蓄干枝全部剪除。春季上盆观赏。

（十八）文人木式

明末清初，一些文人墨客，为了逃避现实隐居山野，或出家做了和尚，做逍遥派，并借助笔墨抒发消沉避世又不甘寂寞的痛苦复杂心情。但也提出了“多一笔不如少一笔”“意高则减”“画不难为繁”“难于用减”“减之力更大于繁”之理论。并有“画树要有情，树要少，愈要奇。少而不奇，则无谓也。树奇则坡脚宜平稳，树奇安石易，树拙安石难”之说。这些思想不仅影响着文人画家，也影响着树木盆景的制作。一些文人墨客偶作盆景置于几案，更有人仿画中之树制作盆景，并且把这种瘦、疏、简、淡的盆景造型称为文人木盆景。

文人木的树种选择，要适合表现落叶萧疏的意境。松有万石长青，坚定不移之意，如叶短的五针松是较为理想的树材，杂木类的朴、水杉也可用之。制作中注意，干应高瘦一些，忌过粗过矮，枝要疏淡、简洁、明快、流畅，出枝要高，忌繁密粗壮、出枝过下。一般情况下，出枝在干的中上部或顶端。其干数独木为佳，双干也可，多则嫌繁。盆钵色彩趋古朴，忌艳丽，以无花纹的浅型深色紫砂盆或不上色的陶盆为宜。

1. 朴树文人木式盆景的制作

朴树萌发力强，干呈灰白色，幼干光滑、瘦长，造型成文人木盆景，落叶后更显得清瘦、寂寞。

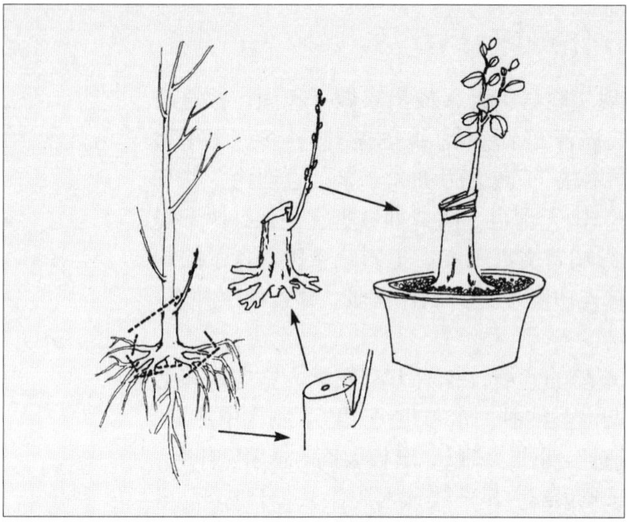

①春季选择3～4年生播种苗，掘起后洗去泥土缩剪长根，剪除定根使根呈扁平状，在干基部上5厘米处截去主干，竖一侧枝代干，然后用泥盆栽植，当年春末夏初，将侧枝绑直，使干过渡自然。

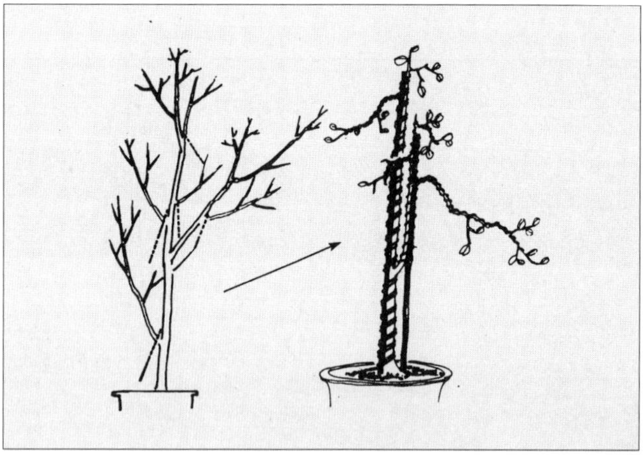

②第二年春，根据枝干的条件构图，选留两枝进行攀扎定位，多余枝剪除，如干不直可用直棍固定主干，逼曲为直。

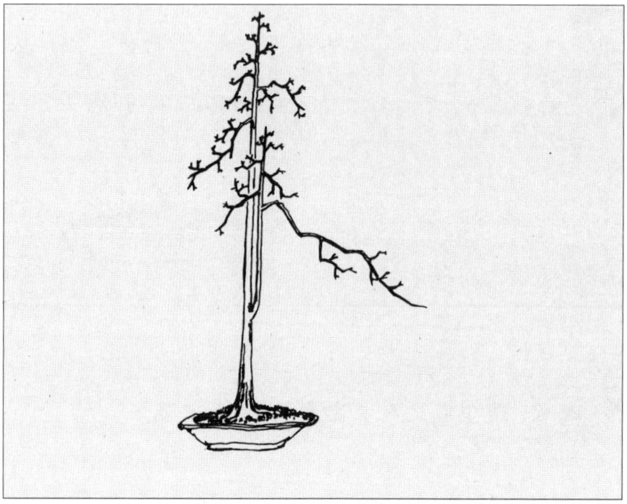

③第三年枝条定位后即可拆除绑扎物，然后用缩剪的方法造型。朴树秋季易受冻害，修剪在早春为宜。基本成型后，春季选用偏冷色浅型紫砂盆栽植观赏。在管理过程中不宜过多施肥，以保持形体的清瘦。

2. 黑松文人木式盆景的制作

黑松生命力强，生长速度较五针松快，耐绑扎、耐修剪。而在贫瘠之处或附石而生的黑松，生长速度慢，株形紧凑而具有苍老感，可掘起养坯。复壮后，在嫩枝上腹接五针松，经过数年培养，便可得一盆干枝苍老、造型古朴的文人木盆景。

①1～4月份，选择清瘦苍老的黑松，带泥球掘起。刚刚放芽，挖掘最好，挖掘中最大限度地多保留根，并带回地表土。剪除茸枝，缩剪保留枝，但缩剪的下端须保留干松枝或松叶，因为裸干很难诱发新枝。同时剪除伤根、烂根、裂根，使根端截面平整光滑。修剪完毕后，用带回的原地土栽植于稍大泥盆里。栽植后的第二年冬季，用破布将主干缠绕起来，用8号铁丝攀扎弯曲，再用稍细金属丝攀扎小枝。若主干过粗，可在生长季节纵向切割，用麻绳绑扎切割处，再用两根8号铁丝并列扎弯，蓄养2～3年再拆除。

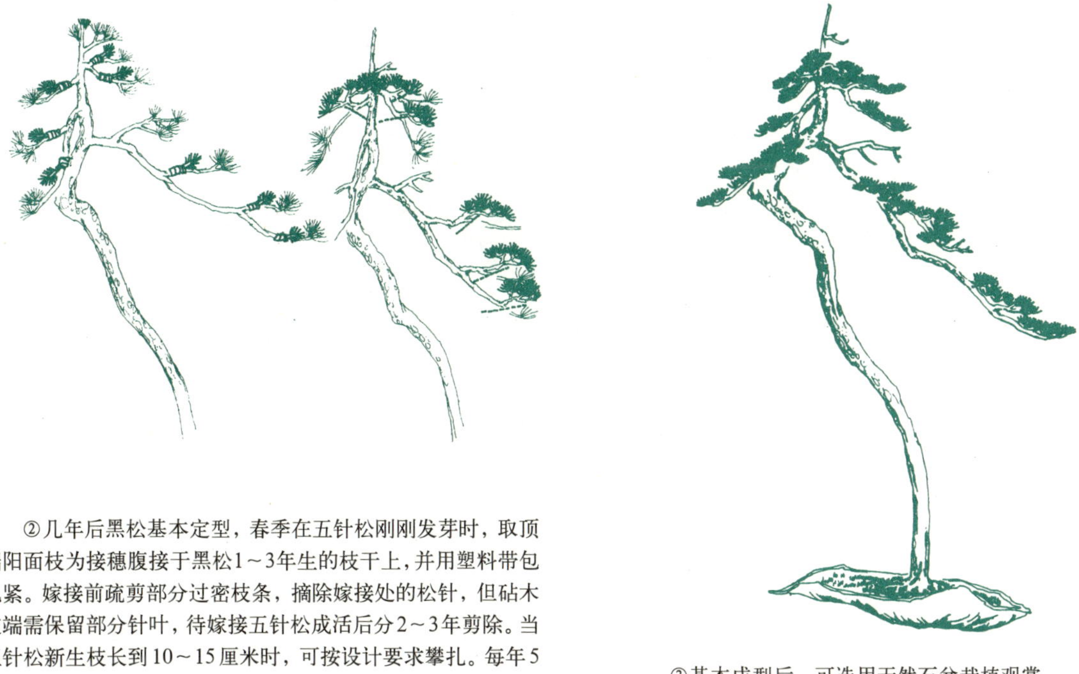

②几年后黑松基本定型，春季在五针松刚刚发芽时，取顶端阳面枝为接穗腹接于黑松1～3年生的枝干上，并用塑料带包扎紧。嫁接前疏剪部分过密枝条，摘除嫁接处的松针，但砧木枝端需保留部分针叶，待嫁接五针松成活后分2～3年剪除。当五针松新生枝长到10～15厘米时，可按设计要求攀扎。每年5月初，五针松抽芽放叶须及时摘心。

③基本成型后，可选用天然石盆栽植观赏。

（十九）象 形 式

在树木盆景中，将树木造型成某种物体外形，如动物、人物等。这种具象性盆景称为象形式盆景。有的将枝冠绑扎、修剪成某种动物的形式；有的将根干缩剪蓄养成某种物体形式。其树材主要来源于山野采挖，也可人工培养，但人工培养时间较长，一盆好的象形树木盆景，往往要花几十年或几代人培养才能完成。

象形式盆景制作要点，一是不可追求全像，似像非像，意到则可，切不可雕眼、刻鼻，画蛇添足；二是处理好根干的形与树冠的关系，以表现形为主，树冠为形服务，不可喧宾夺主，或根、干、冠三者结合表现某种形；三是形体要完整，不可过于琐碎、松散。

（二十）盆景小品

以上所述盆景，均是将树木栽植于盆钵之中加工造型的。除了盆钵，也可以选用壶、瓶、杯、盘、烟灰缸、插花容器或有洞穴的天然石块、树兜或人为加工后的砚石等器皿，栽植树木加工造型，制作成树木盆景小品，也很有情趣。

这类树木盆景小品，由于栽植形式的特殊，或栽植的容器过小需要精心养护，包括良好的通风、光照、湿度条件以及树木生长所需的营养，室内摆放时间不宜过长。夏季可连盆埋入沙中，置于露天并适当遮阳。宜选叶小、生长缓慢、抗逆性强的雀梅、榆、六月雪等作树材。壁挂、瓶栽等换土困难，宜选数年内不换土也能正常生长的松类或柏类作树材。

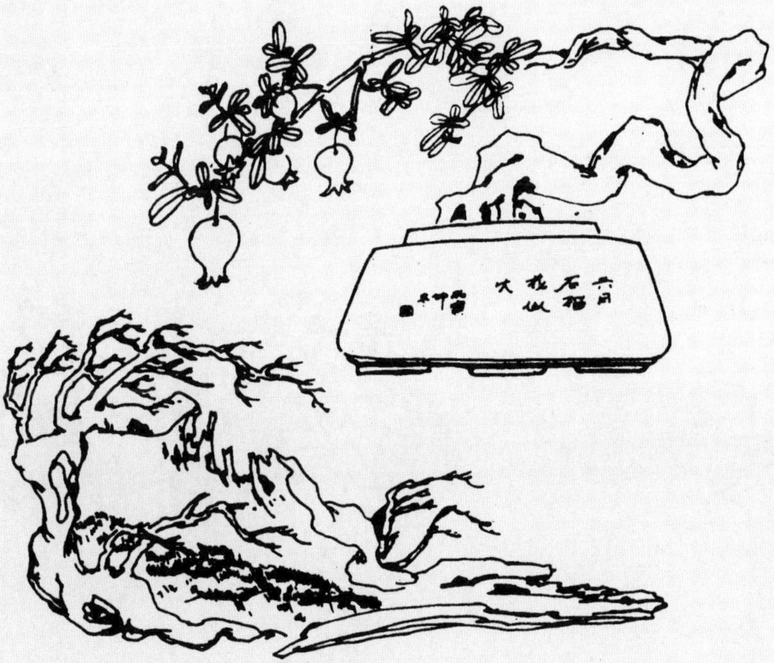

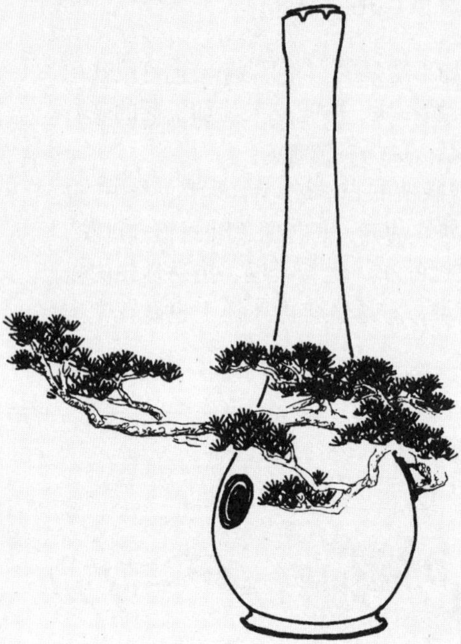

用瓶制作的树木盆景小品。

用活着的树兜及壶制作的树木盆景小品。

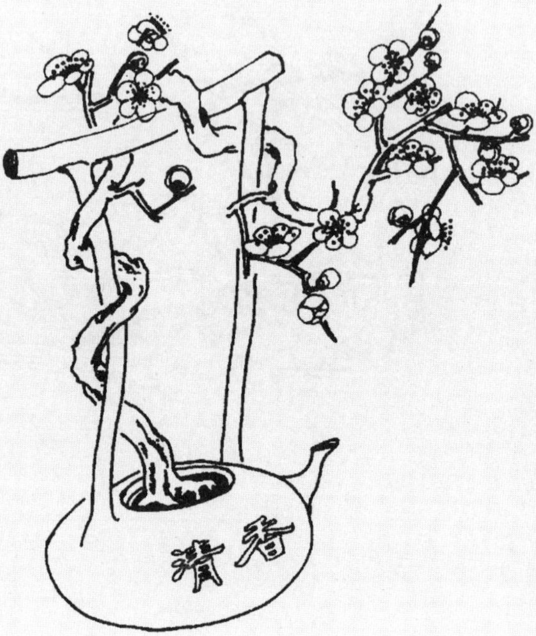